BEI GRIN MACHT SICH IHR WISSEN BEZAHLT

- Wir veröffentlichen Ihre Hausarbeit, Bachelor- und Masterarbeit

- Ihr eigenes eBook und Buch - weltweit in allen wichtigen Shops

- Verdienen Sie an jedem Verkauf

Jetzt bei www.GRIN.com hochladen und kostenlos publizieren

Mario Wedler

Alternative Kraftstoffe und Antriebssysteme für PKW-Fahrzeuge

Vergleich zwischen alternativen Kraftstoffen (Biodiesel/Pflanzenöle, Wasserstoff und Erdgas) und Antriebssystemen (Brennstoffzelle, Hybrid- und Elektromotoren)

GRIN Verlag

Bibliografische Information der Deutschen Nationalbibliothek:

Die Deutsche Bibliothek verzeichnet diese Publikation in der Deutschen National-
bibliografie; detaillierte bibliografische Daten sind im Internet über http://dnb.d-
nb.de/ abrufbar.

Impressum:

Copyright © 2008 GRIN Verlag GmbH
Druck und Bindung: Books on Demand GmbH, Norderstedt Germany
ISBN: 978-3-640-38564-5

Hochschule Darmstadt

Projektthema:

Alternative Kraftstoffe und Antriebssysteme für Pkw-Fahrzeuge

vorgelegt von:

Mario Wedler

Inhaltsverzeichnis

1 Einleitung

Der Bedarf nach Rohstoffen und den damit steigenden Rohstoffpreisen hat die Entwicklung der Weltwirtschaft in den letzten Jahren entscheidend geprägt. Einen besonders großen Einfluss hatte der Ölpreis. Die Nachfrage nach Rohöl steigt bis heute weiter an. Zum einen haben Anschläge, politische Unruhen, Streiks und Naturkatastrophen den Ölpreis erhöht und zum anderen trägt die steigende Nachfrage weltweit zu immer höheren Preisen bei. Damit sind in den letzten Jahren die Erdölkapazitäten voll ausgelastet. Von den weiter steigenden Erdölpreisen ist besonders der Straßenverkehr betroffen, der zu 98 Prozent vom Erdöl als Treibstoff abhängig ist.[1] Die starke Abhängigkeit und der rasante Anstieg des Ölpreises, sowie die sich verändernde Umweltpolitik haben die Suche nach alternativen Antrieben und Treibstoffen in den Fokus der Öffentlichkeit gerückt.

Im Rahmen dieses Projektes sollen alternative Möglichkeiten zu den bekannten klassischen fossilen Antriebssystemen vorgestellt werden. Als Ausgangssituation wird ein kurzer Blick auf die historische Entwicklung der Antriebssysteme geworfen. Im ersten Schritt erfolgt dann eine Ist-Analyse des Automobilmarktes, insbesondere des deutschen Automobilmarktes betreffend der vorhandenen, in der Regel fossilen Antriebssysteme (Treibstoffe). Mit Hilfe der erfolgten Analyse wird versucht, daraus mögliche ökologische Schlussfolgerungen zu ziehen, und somit auch eventuelle Prognosen zu erstellen. Daran kann man zeigen, welche Folgen sich bei einer konsequenten Beibehaltung der heutigen Situation ergeben würden. Der nächste Schritt wird versuchen, die gefundenen alternativen Antriebssysteme darzulegen und unter den erforderlichen Punkten vorzustellen.
Wichtige Punkte und Fragen, die sich für alternative Antriebssysteme ergeben könnten, sind folgende:

- Was zeichnet ein alternatives Antriebssystem aus?
- Wie sehen die technologischen Umsetzungsmöglichkeiten aus?
- Wie sieht es mit den Kosten und der damit verbunden betriebswirtschaftlichen Sichtweise aus?
- Wie sieht es mit rechtlich/staatlichen Vorgaben aus?
- Ist eine Umsetzung für eine breite Kundenschicht geeignet und bezahlbar?
- Wie sieht es mit der erforderlichen Infrastruktur aus?
- Ist die Vorraussetzung einer dauerhaften Nutzung der alternativen Rohstoffe gegeben?
- Gibt es alternative Antriebssysteme, die eingesetzt werden oder sich in der Testphase befinden?

In diesem Projekt soll versucht werden, die alternativen Antriebssysteme nach diesen oben genannten wichtigen und eventuell noch weiteren zum Tragen kommenden Punkten zu analysieren. Im letzten Schritt sollen die analysierten Antriebssysteme gegenseitig bewertet werden und anhand des heutigen Marktes auf Ihre Umsetzbarkeit geprüft werden.
Das **Ziel** des Projektes ist es, die hier behandelten alternativen Antriebssysteme / Möglichkeiten darzustellen und zu analysieren. Ein weiteres **Ziel** dieses Projektes soll die Prüfung der generellen Umsetzbarkeit einiger oder aller gefundenen Antriebssysteme sein. Beim letzten **Ziel** soll versucht werden, anhand der recherchierten Daten, Prognosen zu erstellen.

---

[1] Vgl. Puls, Thomas; Alternative Antriebe und Kraftstoffe – Was bewegt das Auto von morgen?; 2006 Deutscher Instituts-Verlag GmbH Köln; S. 7

1.1.   Problemstellung

In Bezug auf die Thematik der alternativen Antriebssysteme und Treibstoffe gibt es eine Vielzahl von Problemen, die hier dargestellt werden. Dabei wird deutlich, dass im Prinzip ein viel weiteres Umfeld betroffen und zu beachten ist, als nur alleine die alternativen Antriebssysteme und Treibstoffe selbst.

Eines der markantesten Probleme ist die endgültige Ressourcenausschöpfung der Erdöl-vorkommen weltweit. Es werden heute schon Fördermethoden angewendet, die vor Jahren nicht denkbar gewesen wären, aufgrund zu teurer oder ineffizienter Fördermethoden. Ein Beispiel stellt Kanada dar: „Auf Grund des hohen Ölpreises ist die Förderung der Ölsande im Norden Albertas profitabel geworden."[2] Dieses Beispiel zeigt, es werden auch die letzten möglichen Rohstoffe gewonnen, egal zu welchem Preis. Gleichzeitig steigt trotz hohem Preis stetig die Nachfrage nach diesem Rohstoff.

Diese gesteigerte Nachfrage kommt vor allem aus Ländern wie China und Indien. Diese Länder weisen ein erstaunliches Wirtschaftswachstum auf, allerdings mit dem entsprechenden Verbrauch und Bedarf an Energie, Rohstoffen und Umwelt. Dort ist das Umwelt- und Klimabewusstsein in der Gesellschaft nicht so ausgereift wie z.B. in vielen Industrieländern. Hier liegt ein generelles Problem für die weltweite Umweltpolitik. Ein Teil der Welt versucht mit allen zur Verfügung stehenden Mitteln die Umwelt und das Klima zu schützen und in Ländern der so genannten dritten Welt oder den so genannten Schwellenländern ist dies nicht der Fall.

Die Gesellschaft braucht die Mobilität, also ist auch hier Handlungsbedarf geboten. Die Folgen einer zu teuren oder wegfallenden Mobilität sind für die heutige Gesellschaft mit nicht absehbaren Auswirkungen verbunden. Der Straßenverkehr ist eines der Hauptprobleme für den Klimaschutz, da hier die größten CO_2-Emissionen unserer Zeit auftreten. Gleichzeitig ist der Verkehr auch ein zentraler Bestandteil des gesamten Energiesystems.

Die nächsten Punkte verdeutlichen, dass in Bezug auf die Energie bzw. das Energiesystem selbst entscheidende Probleme herrschen. Unser auf fossile und nukleare Brennstoffe gestütztes Energiesystem ist nicht zukunftsfähig. Denn die Kernenergie ist nicht in der Lage, die Lücke dauerhaft zu schließen, weil sie nicht nachhaltig ist. Zudem sind ihre technischen und politischen Risiken erheblich und schwer kalkulierbar, was wiederum private Investoren abschreckt. Die globale Energiewirtschaft ist auf dem Weg, den Ausstieg aus dieser Energieform zu planen, vorzubereiten und schnellstmöglich zu vollziehen.
Hinsichtlich der Jahrhunderte langen Erfahrung auf dem Gebiet der Energie hat sich folgendes gezeigt: „Jede Umwandlung von Energie von einer Form in eine andere und auch jeder Transport und jede Speicherung von Energie ist mit Verlusten verbunden."[3] Deshalb sollten, die erneuerbare Energiequellen möglichst unmittelbar angezapft werden. Hier liegt das offensichtliche Problem, denn oft ist die unmittelbare Verwendung erneuerbarer Energien nicht möglich. Zwischen Quelle und Verbrauch müssen i. d. R. örtliche und zeitliche Abstände überbrückt werden. Gerade Erdöl zeigt diese Abstände, von Förderung, Herstellung und Verbrauch. Diese Situation ist auch bei vielen alternativen Antriebssystemen und Treibstoffen zu finden.

---

[2] Auswärtiges Amt; Kanada Wirtschaft; Struktur der Wirtschaft;
Stand: November 2006; URL:
http://www.auswaertiges-amt.de/diplo/de/Laenderinformationen/Kanada/Wirtschaft.html
[3] Schmidtchen, Ulrich, Dr.; Wasserstoff und Brennstoffzelle – Chancen und Grenzen; Deutscher Wasserstoff- und Brennstoffzellen-Verband e.V. (DWV); Sonderdruck (NR. 6143) Ausgabe Jg. 106 (2007) Heft 1-2; VWEW Energieverlag GmbH; URL:
http://www.dwv-info.de/publikationen/2007/ew_Chancen.pdf S. 2

1.2   Abgrenzung des Themas

Anhand der Recherche konnte festgestellt werden, dass es sich hier um ein sehr weites Themenspektrum handelt. Deshalb ist eine deutliche Themenabgrenzung erforderlich.
Diese Projektarbeit konzentriert sich ausschließlich auf die Betrachtung von Antriebssystemen / Möglichkeiten (Treibstoffe) für Pkws. Fahrzeuge wie Nutzfahrzeuge und Busse werden in die Betrachtung der Projektarbeit nicht miteinbezogen.
Punkte, die ebenfalls für die Gestaltung des Straßenverkehrs von morgen eine Rolle spielen, wie Stichwort **Verkehrsvermeidung und Verkehrsverlagerung** werden ebenfalls nicht weiter in diesem Projekt behandelt.
Bei den verschiedenen alternativen Antriebssystemen / Möglichkeiten liegt der Fokus auf;

- ökologischen,
- technologischen und
- ökonomischen Aspekten.

Ausgenommen einiger ergänzender Stichpunkte bleibt das Hauptaugenmerk auf den deutschen Markt gerichtet.

2 Historische Entwicklung der Antriebssysteme

Die Entwicklung des Straßenverkehrs und die damit verbundene Mobilität sind zu zentralen Aspekten unseres modernen Lebens geworden. Das zeigt auch die rasante Entwicklung des Verkehrs in Deutschland. „Im Jahr 1960 waren in den alten Bundesländern nur 8 Mio. Kraftfahrzeuge registriert, 1970 waren es bereits 17 Mio., im Jahr 1980 waren es dann schon 26 Mio. und 1990 waren es insgesamt 35 Mio. Im Jahr 1997 wurde der Kfz-Bestand in den alten Bundesländern mit 41 Mio. beziffert."[4]

Viele Antriebe die nachfolgend beschrieben werden, sind keine Erfindungen der Neuzeit, sondern wurden schon teilweise im 18. und im 19. Jahrhundert entwickelt. Dabei wurden viele Antriebssysteme sogar als zukunftsträchtiger angesehen, als der Verbrennungsmotor, der sich schließlich durchgesetzt hat. Aussagen des Visionärs Jules Verne aus dem 19. Jahrhundert in Bezug auf Wasserstoff, der als „Kohle der Zukunft" beschrieben wird, zeigen dies. Diese Aussage stammt aus dem 1874 erschienen Buch „Die geheimnisvolle Insel".[5] Allerdings wurden viele der heute alternativen Antriebssystem / Möglichkeiten nicht weiterentwickelt und über die Zeit vergessen. Hauptsächlich hat man sich auf das heute vorherrschende Antriebsystem des Verbrennungsmotors mit Benzin oder Dieselmotor konzentriert. Aufgrund der Umweltentwicklung greift man auf viele der nachfolgend beschriebenen Antriebssysteme wieder zurück.
Damit kann man grundsätzlich sagen, dass ist keines der hier vorgestellten Antriebssysteme eine Erfindung aus unserer Zeit. Die Leistung der Neuzeit ist die Weiterentwicklung der alternativen Antriebssysteme, um sie für die Zukunft effektiv nutzbar zu machen.

2.1 Analyse des aktuellen Automobilmarktes betreffend der Antriebssysteme

Die Analyse des aktuellen Automobilmarktes zeigt, dass man momentan von einer generell schwachen Konjunktur sprechen kann. Dies liegt zum einen an rein ökonomischen Aspekten und zum anderen auch an ökologischen Aspekten.
Ein weiterer Grund für die weitgehende Flaute auf dem Automobilmarkt sind die vielen Neuerungen bzw. in der Entscheidung stehenden Planungen von gesetzlichen Vorschriften. Was besonders die Debatte um die CO_2-Grenzwerte und eine Kfz-Besteuerung nach Schadstoffausstoß betrifft. Deshalb sind viele Kunden in der Kaufentscheidung verunsichert bzw. wollen die politische Entwicklung abwarten, um die richtige Kaufentscheidung treffen zu können.

Auf dem aktuellen Automobilmarkt sind die konventionellen Antriebe noch absolut vorherrschend. Allerdings zeigen Untersuchungen, dass der Anteil der alternativen Antriebe steigt. Sie erfreuen sich zunehmender Beliebtheit. Die aktuelle Diskussion zum Klimaschutz und der geplanten Vorschriften zur Senkung des CO_2-Ausstoßes, haben viele Autofahrer für die alternativen Antriebssysteme sensibilisiert. „Zu diesem Ergebnis kommt das aktuelle AUTO BILD Marktbarometer Alternative Antriebe – Öko. 97 Prozent der Befragten befürworten die Weiterentwicklung alternativer Autoantriebe und 77 Prozent glauben, dass sie in naher Zukunft einen ebenso großen Absatzmarkt haben werden, wie Benzin- oder Dieselantrieb."[6]

Ein Beispiel sind die Erdgasfahrzeuge, hier wurden laut Kraftfahrt-Bundesamt, bereits in den ersten 5 Monaten 4800 Erdgasfahrzeuge verkauft. Dies entspricht einem Anstieg von

---

[4] Limbourg, Maria; Universität Essen; URL:
http://www.uni-duisburg-essen.de/traffic-education/alt/texte.ml/Einsteiger/SiW.pdf S. 1
[5] Vgl. Puls, Thomas; (FN 1); S. 70
[6] Willkommen auf dem Energie-Verkehr-Infoportal; 97 Prozent der Autofahrer befürworten alternative Antriebe;
22.12.2006; URL:
http://www.energie-infoportal.de/verkehr/2006-12/97-prozent-der-autofahrer-befuerworten-alternative-autoantriebe.html

ca. 19% zum Vorjahr. Die Gesamtzahl der Erdgasfahrzeuge in Deutschland stieg damit auf ca. 60.000 Fahrzeuge.[7]
Ein weiterer Punkt, der diese Entwicklung auf den aktuellen Automobilmarkt positiv für die alternativen Antriebssysteme / Möglichkeiten beeinflusst, sind die vielseitigen staatlichen Förderungen.

2.2 Die ökologischen Schlussfolgerungen die sich hieraus ergeben

Die jetzige Situation zeigt als eine Schlussfolgerung, dass der Treibhauseffekt weiter fortschreiten wird. Die ökologischen Folgen werden sich zumeist in die negative Richtung entwickeln. Alle heute schon spürbaren klimatischen Effekte werden sich weiter verstärken. Darunter fallen Waldsterben, die weiter steigenden Temperaturen, vielerorts häufiger und schlimmer auftretende Hochwasser, um nur einige zu nennen.

Das beschreibt auch folgendes Zitat: „Andererseits sind immer stärker die Folgen des Verbrauchs dieser Stoffe zu beobachten. Lange Ausführungen zu Treibhausgasemissionen und Klimawandel erübrigen sich. „Jahrhundert-Hochwasser" treten in Deutschland jetzt rd. alle fünf Jahre auf, und die Gletscher der bayerischen Alpen werden in spätestens 20 Jahren verschwunden sein."[8]

Abschließend lässt sich dazu als Schlussfolgerung sagen, dass die gesamten klimatischen Bedingungen weltweit voranschreiten und die Lebensbedingungen sich wesentlich verschlechtern werden.

2.3 Mögliche Folgen bei konsequenter Beibehaltung fossiler Antriebssysteme

Als sichere Prognose ist die Endlichkeit der fossilen Kraftstoffe festzustellen. Bei konsequenter Beibehaltung wird dies schneller erfolgen, als dass weitere alternative Antriebssysteme / Möglichkeiten eingesetzt werden.

Sollten die alternativen Antriebssysteme und Möglichkeiten unbeachtet bleiben, lässt sich prognostizieren, dass die Mobilität im Straßenverkehr fast zum Stillstand kommen wird. Die ersten Anzeichen des immer teurer werdenden Benzins und Diesels bekommen wir heute schon zu spüren.

Eine Prognose für die Mobilität in der Zukunft besagt, dass die Nutzung von Fahrzeugen als Fortbewegungsmittel für eine breite Masse der Bevölkerung nicht mehr möglich sein wird. Als Grund werden vor allem der generelle teure Unterhalt des Fahrzeuges und die hohen Treibstoffkosten der fossilen Treibstoffe sein. Bei dieser Prognose bleiben öffentliche Verkehrmittel unbeachtet.

Eine weitere Prognose, die sich daraus ergibt, wenn man einen Schritt weiter geht ist, dass in fast jedem Bereich die Preise ansteigen könnten. Grund dieser Annahme ist, so gut wie alle Waren werden in irgendeiner Form transportiert. Die teureren Preise für den Transport werden direkt an die Verbraucher weiter gegeben. Damit sind bezüglich dieser Entwicklung nicht nur direkt die Autofahrer betroffen, sondern im Prinzip auch die Allgemeinheit.

Auch könnte es sein, dass nicht mehr die billigste Produktion entscheidend ist, sondern der billigste und kürzeste Transportweg. Dies bedeutet, es gibt bei konsequenter Beibehaltung, viele einschneidende Veränderungen, die zum Teil heute noch gar nicht abzusehen sind.

---

[7] Vgl. Pkw Markt in der Flaute; Erdgasautos trotzen dem Trend, URL:
http://www.alternativ-fahren.de/Erdgas/News/Erdgasautos_im_Trend.shtml
[8] Schmidtchen, Ulrich, Dr.; (FN 3); S. 2;

3 Alternative Antriebssysteme

Der entscheidende Faktor für einen neuen Antrieb oder Kraftstoff ist die Umweltverträglichkeit. Dies unterscheidet die Antriebe und Kraftstoffe von den bisherigen und stellt die Kriterien für deren Beurteilung auf.
Nur wenn eine transparente Untersuchung die Wettbewerbsfähigkeit der alternativen Antriebssysteme / Möglichkeiten unter Beweis stellt und gleichzeitig eine nachhaltige Emissionsreduktion ermöglicht, wäre dies im Straßenverkehr eine alternative Antriebstechnologie und tatsächlich eine Lösung zur Emissionsreduktion und Primärenergieeinsparung im Straßenverkehr der Zukunft.[9]

Die alternativen Antriebsysteme / Möglichkeiten kann man grundsätzlich in zwei Gruppen aufteilen.

- In die alternativen Antriebsysteme - darunter fallen der Hybrid- und Elektromotor, sowie die Brennstoffzellen. Bei genauer Beurteilung gibt es nur zwei wirklich unterschiedliche Konzepte. Den bisherigen Verbrennungsmotor und den Elektromotor. Der Hybridmotor stellt eine Kombination zwischen dem Verbrennungs- und Elektromotor dar. Die Brennstoffzelle ist eine Variante im Grundprinzip zum Elektromotor.

- Und die alternativen Möglichkeiten, die sich in dieser Projektarbeit auf die alternativen Kraftstoffe beziehen, wie Erdgas, Wasserstoff und Biokraftstoffe wie z.B. Biodiesel oder Pflanzenöle.

Besonders wichtig ist hier auch die Betrachtung der konventionellen Antriebssysteme, mit den alternativen Antriebssystemen, um einen wirklichen Vergleich und Nutzen der alternativen Antriebssysteme zu bekommen. Nur die Betrachtung der alternativen Antriebssysteme allein kann nicht zu einem aussagekräftigen Urteil führen.

Eine weitere Betrachtungsvariante stellen die verschiedenen Kombinationsmöglichkeiten dar:

- alternative Antriebe mit den fossilen Kraftstoffen
- alternative Antriebe mit den verschiedenen alternativen Kraftstoffen
- alternative Kraftstoffe mit den heutigen angewandten Antrieben.

Für die Beurteilung der Antriebssysteme und Kraftstoffe spielt die Unterscheidung der Primär- und Sekundärenergie eine ausschlaggebende Rolle.
Primärenergie = „...die Energie, die mit den natürlich vorkommenden Energieformen oder Energieträgern zur Verfügung steht.“[10]
Sekundärenergie = „ist die nach der Umwandlung der Primärenergieträger in sog. Nutzenergieträger verbleibende Energieform.“[11]

Die Antriebsysteme sollen in einer ersten allgemeinen Beschreibung vorgestellt werden. Deshalb wird auf eine tiefe technische Beschreibung und Erläuterung verzichtet. Mit den Aspekten werden auch teilweise die Punkte, die unter dem Punkt Problemstellung beschrieben werden, aufgegriffen.

---

[9] Vgl. Kolke, Roland; Gegenüberstellung von konventionellen und alternativen Antrieben aus Sicht einer dauerhaft umweltgerechten Entwicklung; Umweltbundesamt, Motorische Verbrennung, Haus der Technik; Essen 16/17.März 1999; S.19;
[10] Wikipedia, der freien Enzyklopädie; Stichwort: Primärenergie; URL: http://de.wikipedia.org/wiki/Prim%C3%A4renergie
[11] Wikipedia, der freien Enzyklopädie; Stichwort: Sekundärenergie; URL: http://de.wikipedia.org/wiki/Sekund%C3%A4renergie

3.1 Alternative 1 = Hybridmotoren

„Als **Hybridantrieb** bezeichnet man allgemein die Kombination verschiedener Antriebs-Prinzipien oder verschiedener Energiequellen für eine Antriebsaufgabe innerhalb einer Anwendung. Diese kann sich auf alle Arten von Fahr- und Flugzeugen beziehen, wie beispielsweise Autos, Fahrräder bis zu schweren Fahrzeugen wie Schienenfahrzeuge, Schiffen oder Raketen."[12]

Diese Antriebsform ermöglicht vor allem eine Verbrauchsreduktion bei Benzin- und Diesel-Fahrzeugen. Bei der genauen Betrachtung handelt es sich bei dem Hybridfahrzeug, das sowohl über einen Verbrennungsmotor als auch elektrisches Antriebssystem verfügt, um ein Konzept zur Reduktion des Treibstoffverbrauchs unter Beibehaltung der heutigen Treibstoffe.[13] Demnach handelt es sich nicht im klassischen Sinne um ein alternatives Antriebsystem oder einen alternativen Treibstoff.
Diese Technologie ist bereits zum ersten Mal 1902 durch Ferdinand Porsche vorgestellt worden. Am Anfang der Entwicklung wurde dieses Konzept hauptsächlich eingesetzt, um ca. 1919 Autorennen zu gewinnen. Es stand vor allem in Konkurrenz zum reinen Verbrennungsmotor. Die Möglichkeit der Reduktion des Treibstoffverbrauchs war zu jener Zeit noch kein Aspekt. Man hat erst mit der Zeit den Vorteil dieser Kombination erkannt und beginnt ihn heute zu nutzen.

3.1.1 Die ökologischen Aspekte

Einen wesentlichen Punkt stellt der Elektromotor dar. Er senkt den Verbrauch von Treibstoffen und somit auch die auftretenden Emissionen. Dieser Vorteil kommt besonders im Stadtverkehr oder in Staus zum tragen. Grund dafür ist, hier wird die volle Motorleistung in 45 Prozent der Reisezeit gar nicht benötigt.

3.1.2 Die technologischen Aspekte

Die Kombination ist aus Sicht des batteriebetriebenen Elektrofahrzeugs sinnvoll, da die Vorteile beider Antriebe genutzt werden. Dies bedeutet, hier wird durch die Kombination eine hohe Reichweite, schnelles Nachtanken und eine Rückgewinnung der Bremsenergie erreicht. Ebenso werden die Nutzung regenerativer Energiequellen und ein emissionsfreier Betrieb ermöglicht.

Aus Sicht des verbrennungsmotorisch angetriebenen Fahrzeuges ist diese Kombination sinnvoll, da hier ein entkoppelter Betrieb des Verbrennungsmotors vom Fahrleistungsbedarf ermöglicht wird. Dies bedeutet, hier kann z.B. der Betrieb im wirkungsgradungünstigen Teillastbereich vermieden werden.[14]

Einer der Hauptpunkte, warum sich dieses Konzept über die Jahre nicht durchgesetzt hat, ist die komplexe Technologie. Bei diesem Konzept gibt es mehrere Varianten, wie den seriellen Hybridantrieb, den Mikrohybrid und den Vollhybrid. Auf diese verschiedenen Varianten wird hier nicht näher eingegangen. Sie unterscheiden sich hauptsächlich in der Art der Kombination und einzelner Bauteile. Demnach ergeben sich verschiedene Grade der Hybridisierung.

---

[12] Wikipedia, der freien Enzyklopädie; Stichwort: Hybridantrieb; URL: http://de.wikipedia.org/wiki/Hybridfahrzeug
[13] Vgl. Puls, Thomas (FN 1); S. 27
[14] Vgl. Hybrid Autos; Hybridantrieb; URL: http://www.autos-hybrid.de/hybridantrieb.html

3.1.3 Die ökonomischen Aspekte

Die auftretenden Zusatzkosten sind meist schwer kalkulierbar. Damit ist eine Einschätzung auf diesem Gebiet sehr schwierig. Schätzungen ergeben Zusatzkosten von mindestens 2500 Euro. Damit liegen die Fahrzeuge in der Regel mit den Herstellungskosten über den Benzin- und Dieselmotoren. Besonders auf dem weltgrößten Markt, den USA, bieten sich potenzielle Absatzmöglichkeiten. Die hohe Nachfrage aus den USA wird den Weg in den Massenmarkt positiv beeinflussen und ermöglichen. Kosteneinsparungen ergeben sich durch die staatlichen Förderungen, um weitere Kaufanreize zu schaffen und gleichzeitig die höheren Kosten auszugleichen.

3.1.4 Fazit der Aspekte

Vorteile:

- staatliche Förderung
- Flexibilität
- Emissionsreduktion
- effizientere Nutzung der Antriebssysteme
- großer potenzieller Markt

Nachteile:

- weitere Nutzung von Primärenergie
- teuer in der Herstellung
- komplexe Technologie
- ineffiziente Hybridantriebe
- Einsparmöglichkeit hängt von Fahrgewohnheiten des Nutzers ab

Aufgrund der besonderen Vorteile im Stadtbereich ist dieses Konzept für Stadtfahrzeuge oder Gebiete mit hoher Städtedichte wie Japan geeignet. Einen endgültigen Wirkungsgrad des Hybridfahrzeuges kann man einheitlich nicht festlegen, da die Variable der Fahrgewohnheiten des Nutzers eine entscheidende Rolle spielt. Bei der aktuellen Weiterentwicklung liegt der Fokus in dem Versuch, die Komplexität der Technologie überschaubar zu machen. Durch starke Nachfrage kann aus dem Nischenfahrzeug ein Fahrzeug für den breiten Markt werden.

3.2 Alternative 2 = Elektromotoren

Als Einstieg eine kurze Definition, was eine Elektromotor ist bzw. wie er funktioniert.
„**Elektromotor** (aus dem Lateinischen motus = Bewegung) bezeichnet eine Maschine, die elektrische Energie in mechanische Energie umwandelt. Dies passiert rein elektrisch mit Hilfe von magnetischen Feldern. In Elektromotoren wird die Kraft, die von einem Magnetfeld auf die Leiter einer Spule ausgeübt wird, in Bewegung umgesetzt. Damit ist der Elektromotor das Gegenstück zum Generator. Elektromotoren erzeugen meist rotierende Bewegungen. Sie können aber auch translatorische Bewegungen ausführen (Linearantrieb). Elektromotoren werden zum Antrieb verschiedener Arbeitsmaschinen und Fahrzeuge (vor allem Schienenfahrzeuge) eingesetzt."[15]

In der 100-jährigen Geschichte des Automobils gab es immer wieder alternative Antriebssysteme. Hierbei handelt es sich um einen wirklichen alternativen Antrieb, da es sich hier um eine ganz andere Konzeption, als beim Verbrennungsmotor handelt. Auch der

---

[15] Wikipedia, der freien Enzyklopädie; Stichwort: Elektromotor; URL:
http://de.wikipedia.org/wiki/Elektromotor

Elektroantrieb ist keine Erfindung der heutigen Zeit. „Immerhin fuhr das erste bekannte Batterieelektrische Auto bereits 1888 und zunächst galt diese Antriebsart im Vergleich mit der Verbrennungskraftmaschine (VKM im weiteren Dokument damit abgekürzt) als die Zukunftsträchtigere."[16] Der Elektroantrieb geriet lange in Vergessenheit. Erst in jüngerer Zeit, als die Frage der Umweltverschmutzung immer mehr in den Vordergrund trat, beschäftigte man sich wieder intensiver mit dem elektrischen Antrieb.[17]

Auch die verschärften Abgasvorschriften rückten den Elektromotor, trotz der Probleme dieses Antriebs, als umweltfreundliches Antriebssystem in das öffentliche Interesse. Ein frühes Beispiel für die Entwicklung in diese Richtung war die Vorstellung durch die Firma Daimler-Benz im Frühsommer 1973 mit dem Elektrofahrzeug LE 306.[18]

3.2.1 Die ökologischen Aspekte

Auf den ersten Blick verschaffen die Elektrofahrzeuge viele ökologische Vorteile. Allerdings kann nur auf den ersten Blick diese Annahme aufrechterhalten werden. Unter Einbeziehung aller Faktoren und Parameter ergibt sich ein sehr differenziertes Bild.

Für den Elektromotor spricht, dass dieser weniger zum Smog, der insbesondere im Sommer auftritt und zum Stickstoffeintrag in Böden, sowie Gewässern, beiträgt.[19]

Die Nachteile ergeben sich besonders durch die Beschaffung des Stromes für das Fahrzeug. Der Strom für die Fahrzeuge wird oft noch durch die mit Kohle befeuerten Kraftwerke geliefert. Hier ist also nicht nur das Auto alleine zu betrachten, sondern auch die Erzeugung des Stromes. Im Endeffekt werden die Abgasverursachenden Emissionen auf die Stromerzeugung verlagert. Die meisten Elektrofahrzeuge in Deutschland fahren demnach mit Kohle- und Atomstrom.

3.2.2 Die technologischen Aspekte

Bei näherer Betrachtung zeigen sich bei dieser Technologie wesentliche Schwachpunkte auf, wodurch sich dieses Antriebssystem in der Geschichte des Automobils nicht durchsetzen konnte. Das Speichermedium Batterie zeichnet sich als das entscheidende Problem dieser Technologie ab. Besser gesagt, aufgrund der mangelhaften volumen- und gewichtsspezifischen Speicherfähigkeit der Batterien und damit auch der geringen möglichen Reichweite mit einer Batterieladung.

3.2.3 Die ökonomischen Aspekte

Aus Sicht der meisten Stakeholder schneidet der Elektromotor auch auf der Kostenseite nicht positiv ab. Generell sind die Elektrofahrzeuge in der Anschaffung teurer als konventionelle Fahrzeuge. Diese werden vor allem von den Batteriekosten dominiert.

„Als einziger nennenswerter ökonomischer Vorteil von Elektroautos bleibt die Möglichkeit bestehen, diversifizierte Primärenergieträger zu nutzen, da das Elektroauto den herrschenden Strommix mitbenutzen kann."[20] Ein weiterer Punkt der für den Elektromotor spricht sind die einfache Wartung und die lange Lebensdauer der einzelnen Bauteile.

---

[16] Puls, Thomas (FN 1); S. 68

[17] Vgl. Frankenberg, Richard, von; Matteucci, Marco; Geschichte des Automobils; 1973/1988 Sigloch Edition; Zeppelinstr. 35a D 7118 Künzelsau; Verlagsleitung: Hans Kalis STIG, Turin 1970 Printer in Germany; Übersetzung der italienischen Vorlage: Carlo Musazzi Redaktion und Herstellung: Sigloch Edition, Künzelsau; Druck: J. Fink, Ostfildern; ISBN 3 80030100 8; Völlig überarbeitete und neu gestaltete deutsche Ausgabe von „Storia dell´Automobile von Marco Matteucci, erschienen bei STIG, Turin; S 373

[18] Vgl. Frankenberg, Richard, von; Matteucci, Marco; (FN 17); S.373
[19] Vgl. Kolke, Roland; (FN 9); S.16
[20] Puls, Thomas; (FN 1); S. 69

3.2.4 Fazit der Aspekte

Vorteile:
- keine lokalen Abgasemissionen zu verursachen
- geringerer Stickstoffeintrag in Böden und Gewässern
- Nutzung verschiedener Primärenergien

Nachteile:
- Verlagerung der Emissionen auf die Primärenergie
- Speichermedium
- geringe Reichweite mit einer Batterieladung
- Elektromotor in der Anschaffung teuer

Damit sind diese Fahrzeuge aus heutiger Sicht höchstens für die Nischenanwendung z.B. in ökologische sensiblen Bereichen, die eine lokale Nullemission zwingend erforderlich machen, als sinnvoll zu betrachten. Zu beachten ist bei dieser Aussage, dass die momentan vorherrschende Industrie auch massiv auf die Ergebnisse Einfluss nimmt und viele Forschungsergebnisse für sie positiv verfälscht. Das Elektroauto ist aktuell für eine flächendeckende Einführung noch nicht als vollwertiger Ersatz geeignet.

3.3 Alternative 3 = Brennstoffzelle

„Eine **Brennstoffzelle** ist eine galvanische Zelle, die die chemische Reaktionsenergie eines kontinuierlich zugeführten Brennstoffes und eines Oxidationsmittels in elektrische Energie umwandelt. Im Sprachgebrauch steht Brennstoffzelle meist für die Wasserstoff-Sauerstoff-Brennstoffzelle. Eine Brennstoffzelle ist kein Energiespeicher, sondern nur ein Wandler. Die Energie wird mit den Brennstoffen in einem Tank gespeichert. Zusammen mit einem Brennstoffspeicher kann die Brennstoffzelle einen Akkumulator ersetzen, wodurch ein deutlich niedrigeres und günstigeres Leistungsgewicht erreicht werden kann."[21]

Diese Technologie wird als eine der aussichtsreichen Zukunftstechnologien gehandelt. Dies zeigt auch der Internetartikel „Ganz heiß auf Praxis - Brennstoffzellenfahrzeuge im Alltagstest". Bei diesem Artikel geht es um die Mercedes-Benz A-Klasse F-Cell. „An vier Standorten bzw. Regionen weltweit, werden 60 Fahrzeuge von einer Reihe von Kunden und einer Vielzahl von Fahrern für ein bis zwei Jahre im normalen Verkehr genutzt werden."[22] Sogar das Berliner Bundeskanzleramt ist an diesem Projekt beteiligt. Dies zeigt dass einige Automobilhersteller und auch die Politik Akzente setzen wollen. Es muss rechtzeitig etwas in der richtigen Richtung unternommen werden.

Diese Technologie ist den alternativen Antrieben zuzuordnen und es werden verschiedene Kraftstoffe als mögliche Energiequelle gehandelt, wie Wasserstoff, Methanol oder auch Benzin. Dies erfordert eine differenzierte Betrachtungsweise der verschiedenen Energiepfade. Da der Wasserstoff ebenfalls als einer der zukunftsträchtigsten Energiequellen betrachtet wird, sieht man die Brennstoffzellentechnologie und den Wasserstoff größtenteils als Paketlösung für die Mobilität von Morgen.

3.3.1 Die ökologischen Aspekte

Diese Technologie zeigt eine Möglichkeit von erheblichen Emissionsreduktionen. Allerdings ist dabei zu beachten, mit welcher Energiequelle gearbeitet wird. Sollte das Fahrzeug mit

---

[21] Wikipedia, der freien Enzyklopädie; Stichwort: Brennstoffzelle; URL: http://de.wikipedia.org/wiki/Brennstoffzelle
[22] DaimlerChrysler AG; Ganz heiß auf Praxis - Brennstoffzellenfahrzeuge im Alltagstest; URL: http://www.daimlerchrysler.com/dccom/0-5-7165-49-454523-1-0-0-0-0-0-1371-7165-0-0-0-0-0-0-0.html

molekularem Wasserstoff als Energieträger betrieben werden, hat man als Folge keine lokalen Emissionen. Vergleicht man allerdings die verbrauchsarmen ULEV-Pkw`s (Ultra Low Emission Vehicle) in ihren direkten und indirekten Emissionen mit den Brennstoffzellenfahrzeugen, wird deutlich, dass hier noch Potenzial zur weiteren Emissionsreduktion liegt.[23]

Wird dieser Antrieb mit Methanol betrieben und mit einem Fahrzeug eines sparsamen Verbrennungsmotors verglichen, ist hier eine Primärenergieverbrauchsminderung nicht möglich. Bedenklich für die Umwelt könnte sich die gesteigerte Platingewinnung für die Brennstoffzelle erweisen, denn der Abbau ist ökologisch bedenklich. „So sind beispielsweise einige der weltweit größten Emittenten von giftigem Schwefeldioxid (SO_2), Anlagen zur Platingewinnung."[24] Dieses Problem wäre durch eine entsprechende Abgasreinigung weitgehend zu eliminieren.

3.3.2 Die technologischen Aspekte

Bei genauer Betrachtung handelt es sich bei der Brennstoffzelle nicht um einen neuen Antrieb, sondern lediglich um einen elektronischen Energieumwandler, welcher aus fossilen oder regenerativen Kraftstoffen Strom herstellt.[25] Damit handelt es sich im Prinzip auch um ein Elektroauto. Bei dieser Technologie würde die Mechanik im Auto an Bedeutung verlieren und die Elektronik immer wichtiger für das gesamte Fahrzeug werden.

Auch bei der Brennstoffzelle handelt es sich um eine bereits 1839 entwickelte Technologie, die damit sogar noch älter als der Verbrennungsmotor ist. Bei der neuerlichen technischen Entwicklung der Brennstoffzelle war das Militär auch wesentlich beteiligt. Grund für diese Tatsache liegt in dem besonderen Vorteil der Brennstoffzelle. Denn eine Brennstoffzelle kann ihre Energie mit weniger Wärmeemissionen produzieren, als eine VKM oder auch ein Atomreaktor. Dies hat den Nebeneffekt, dass die Fahrzeuge schwerer zu orten sind. Wichtig ist es wenn man von der Brennstoffzelle spricht, nicht nur von „der" Brennstoffzelle zu sprechen, sondern es gibt viele unterschiedliche Varianten, die alle nach dem ähnlichen und / oder gleichen Prinzip funktionieren.

Es sind nicht alle Varianten für die mobile Anwendung im Auto einsetzbar. Die meisten scheiden aufgrund des engen Anforderungsprofils für ein Pkw-Antriebsystem aus. Eine der wahrscheinlichsten Varianten für den Einsatz stellt die PEMFC (Proton Exchange Membrane Fuel Cell) dar.[26] Diese Variante erfüllt fast alle Anforderungen lückenlos. Einzig das Wasser- und Wärmemanagement ist noch etwas problematisch zu betrachten. Ein weiterer Grund warum das Brennstoffzellenfahrzeug so hoch gehandelt wird, liegt an seinem hohen Wirkungsgrad. Besser gesagt, „der elektrische Wirkungsgrad, also der Anteil der im Treibstoff gespeicherten Energie, der nach der Umwandlung in Form von Strom zur Verfügung steht, kann 60% bis 70% betragen."[27]. Damit kann man von einem wesentlich höheren Effizientnutzen sprechen als bei heute gebräuchlichen Pkw-Motoren, die bei ca. 20% bis 25% liegen.
Brennstoffzellenfahrzeuge sind sehr leise, da die Energieerzeugung geräuschlos erfolgt.
Technisch bietet die Brennstoffzellentechnik völlig neue Designmöglichkeiten (Verteilung der Komponenten und Raumaufteilung) für den Aufbau eines Fahrzeuges.

---

[23]Wikipedia, der freien Enzyklopädie; Stichwort: Niedrigenergiefahrzeug;
http://de.wikipedia.org/wiki/Niedrigenergiefahrzeug
[24] Puls, Thomas; (FN 1); S. 89
[25] Vgl. Puls, Thomas; (FN 1); S. 82
[26] Vgl. Puls, Thomas; (FN 1); S. 84
[27]. Puls, Thomas; (FN 1); S. 85

3.3.3 Die ökonomischen Aspekte

Die weitgehende Verbreitung von Brennstoffzellenfahrzeugen würde zu einer enormen Umstellung von vielen Industriezweigen führen. Genaue Aussagen lassen sich nicht treffen, allerdings müsste sich die Automobilindustrie mit drastischer Veränderung auseinandersetzen. Diese würde sich vor allem auf die gesamte Wertschöpfungskette von der Herstellung bis zur Entsorgung beziehen.

Der Einsatz von Brennstoffzellenfahrzeugen würde eine Revolution im Fahrzeugbau voraussetzen.[28] Eine Umorientierung in der Produktion ist auf jeden Fall nötig, denn einige Fahrzeugkomponenten / Bauteile der heutigen Fahrzeuge werden bei dieser Technologie nicht benötigt. Dies kann zu sehr negativen Effekten bei Industriezweigen führen, die sich zu spät dieser neuen Entwicklung anschließen. Weitere mögliche Folgen könnten sogar bis zu Entlassungen und Firmenschließungen führen.
Für die neue Technologie werden auch die entsprechenden Fachleute und das Know-how gebraucht. Die benötigten Bauteile werden zwar weniger, allerdings die einzelnen Komponenten im Schnitt teurer werden.
Ein wichtiger Rohstoff, der bei einem Brennstoffzellenfahrzeug zurzeit benötigt wird, ist Platin. Für ein Brennstoffzellenfahrzeug werden in etwa das 50-fache an Platin mehr benötigt, als für die konventionellen Fahrzeuge. Aufgrund dieser Tatsache kann es bei der Produktion zu Versorgungsengpässen kommen. Damit dies weitgehend vermieden wird, werden die gebrauchten Brennstoffzellen von geschulten Fachleuten ausgebaut, um die Wiederverwertung am effektivsten nutzen zu können. Denn ein wesentlicher Punkt, der hier zum Tragen kommt, ist nicht nur eventuell ein auftretender Versorgungsengpass als vielmehr auch eine Preisexplosion des Rohstoffes, der die Produktion in die Höhe treibt. Die Platingewinnung ist sehr kostenintensiv, hier ist die Recyclinggewinnung ein entscheidender Faktor.

3.3.4 Fazit der Aspekte

Vorteile:
- hohe Emissionsreduktion
- Flexibilität
- schwer zu orten (aus militärischer Sicht)
- hoher Wirkungsgrad
- ein sehr leises Fahrzeug
- Entwicklung von neuem Know-how
- neue Design- und Konstruktionsmöglichkeiten

Nachteile:
- Treibstoff mit hohen Umweltbelastungen
- Platingewinnung (dadurch erhöhter Schwefeldioxidausstoß)
- wenig Brennstoffzellenvarianten für Fahrzeuge geeignet
- Umorientierung vieler Industriezweige, dadurch mögliche Firmenschließungen und Entlassungen
- teuer in der Produktion

Infolgedessen ist trotz vieler positiver Aspekte nicht sicher, wann die Brennstoffzelle als Energiewandler wirklich in den Massenmarkt eintreten kann. Hierüber konnte kein eindeutiges Fazit ermittelt werden. Definitiv handelt es sich bei Brennstoffzellentechnologie um eines der effizientesten Antriebssysteme. Bei dieser Technologie wird der Treibstoff zwar effizienter genutzt, allerdings wird dieser ökologische Vorteil dadurch wieder relativiert, dass

---

[28] .Vgl. Puls, Thomas; (FN 1); S. 87

die Herstellung des Treibstoffs heute im Vergleich zum Benzin noch mit deutlichen ökologischen Nachteilen behaftet ist.

Ebenso sind bei der PEMFC einige stromverbrauchende Peripheriegeräte nötig, die den hohen Wirkungsgrad senken. Ergebnis einer Einführung für den breiten Markt wäre eine sehr starke Umwälzung in der Automobilindustrie, mit einer erheblichen Verschiebung der Kernkompetenz von der Metallverarbeitung hin zu der Chemie- und Elektroindustrie. Gerade Deutschland mit seiner vorherrschenden Automobilindustrie wäre von den beschriebenen Veränderungen besonders betroffen.

Der hohe Platinbedarf könnte sich als Problem für den Massenmarkt herausstellen. Der Bedarf eines Brennstoffzellenfahrzeuges an Platin liegt etwa, wie oben schon beschrieben, um das 50-fache höher, als bei einem heutigen Fahrzeug. Um das Fahrzeug für den Massenmarkt tauglich machen zu können, müssen die Herstellkosten deutlich gesenkt werden, um konkurrenzfähig zu werden und den Verbrennungsmotor ablösen zu können. Es wird wohl noch einige Jahre und viel technische Entwicklung benötigen, bis die ersten Brennstoffzellenfahrzeuge zu vertretbaren Preisen auf den Markt kommen.

4 Alternative Kraftstoffe

4.1 Alternative 4 = Wasserstoff

„**Wasserstoff** ist das chemische Element mit der Ordnungszahl 1 und wird durch das Elementsymbol H abgekürzt (für lateinisch hydrogenium „Wassererzeuger"; von altgriechisch ὕδωρ hydōr „Wasser" und γίγνομαι gignomai „werden, entstehen"). Im Periodensystem steht es in der 1. Periode und der 1. Gruppe, nimmt also den ersten Platz ein.
Wasserstoff ist das häufigste chemische Element des Universums, jedoch nicht in der Erdrinde. Es ist Bestandteil des Wassers und der meisten organischen Verbindungen; insbesondere kommt es in sämtlichen lebenden Organismen vor."[29]

Einen besonderen Stellenwert hat Wasserstoff in der Energiewirtschaft. So sind beispielsweise die wichtigen Energieträger Erdöl und Erdgas Wasserstoffverbindungen. Aber auch mit dem Element selbst verbindet man Hoffnung auf eine effiziente Wasserstoffwirtschaft. Zwei Technologien sind in dieser Richtung wegweisend: die Brennstoffzelle und die Kernfusion.

Hierbei handelt es sich um einen Kraftstoff der besonders in Verbindung mit der Brennstoffzelle genannt wird. Der Wasserstoff wurde 1766 entdeckt. Auch dieser Energieträger hat in den letzten Jahren sehr an Popularität in Betrachtung auf die alternativen Antriebsysteme gewonnen. „Mehrere soziologische Untersuchungen aus den letzten Jahren zeigen, dass besonders die jüngeren Befragten, Wasserstoff als sauberen Kraftstoff für Autos von morgen kannten sowie allgemein als sauberen und nachhaltig verfügbaren Energieträger, der zur kundengerechten Verteilung erneuerbarer Energien beitragen kann."[30]

Wasserstoff gehört genau wie Strom zu den Sekundärenergien. Der Vorteil hierbei ist, die Primärenergie kann erneuerbar oder auch herkömmlich sein. Dadurch erlangt der Wasserstoff eine hohe Flexibilität und eignet sich optimal als Brückentechnologie und ist damit fast allen Alternativen in dieser Hinsicht überlegen.[31] Dies bietet die Möglichkeit, zum einen erneuerbare Energien in den Markt zu bringen und zum anderen auch in das bestehende System zu integrieren.

4.1.1 Die ökologischen Aspekte

Ein wichtiger Vorteil von Wasserstoff ist, dass er nie knapp werden kann oder die Ressourcen einmal erschöpft sein könnten, denn atomarer Wasserstoff (H) ist mit Abstand das am häufigsten vorkommende Element auf der Erde. Anders ausgedrückt, grobe Schätzungen haben berechnet, dass 75% der Masse des Universums aus Wasserstoff besteht und damit 90% der Atome entspricht.
Jedoch gibt es auch hier einen negativen Effekt. Wasserstoff kommt aufgrund seiner hohen Reaktivität fast immer in gebundener Form vor, wie Holz, Erdgas oder wir Menschen selbst. Dies bedeutet, für die Funktion als Treibstoff für VKM oder Brennstoffzellen wird der reine Wasserstoff benötigt. Die Folge, der Wasserstoff kann zum einen industriell gefertigt werden, mit der Tatsache, dass für den Herstellungsprozess ein hoher Energieaufwand betrieben werden muss und damit ökologisch gesehen, eher negative Effekte auftreten. Der andere Weg erfolgt über Umwandlungsprozesse (Wasserstoff von seinen Verbindungen zu trennen und reinen Wasserstoff zu erhalten), die ebenfalls in der Regel einen hohen Energieaufwand

---

[29] Wikipedia, der freien Enzyklopädie; Stichwort: Wasserstoff; URL http://de.wikipedia.org/wiki/Wasserstoff
[30] Schmidtchen, Ulrich, Dr.; Wer hat Angst vor Wasserstoff?; Deutscher Wasserstoff und Brennstoffzellen Verband; Berlin; DWV-Pressemitteilung 4/2007; URL: http://www.dwv-info.de/
[31] Vgl. Schmidtchen, Ulrich, Dr.; (FN 3); S. 3

benötigen. Bei beiden Möglichkeiten wird für die Energiegewinnung auf die fossilen Energieträger als Primärenergie zurückgegriffen.

4.1.2   Die technologischen Aspekte

Ein Vorteil dieser Technologie ist folgender: „Es spielt rein technisch keine Rolle, welche Primärenergie im Brennstoff steckt oder mit welchem Prozess er erzeugt wurde."[32] Das der Einsatz von Wasserstoff technisch gesehen sehr umfangreich und wandelbar ist, zeigt auch folgende Tatsache: „Denn Molekularer Wasserstoff kann sowohl in einer konventionellen VKM verbrannt als auch in einer Brennstoffzelle in elektrischen Strom umgewandelt werden...."[33]

Wasserstoff muss, da er in reiner Form so gut wie nicht vorkommt, erst produziert werden. Das dafür bekannteste Verfahren ist die Elektrolyse. Hierbei werden zwei Wassermoleküle durch die Zufuhr von elektrischem Strom in ein Sauerstoffmolekül (O_2) und zwei Wasserstoffmoleküle (2H) zerlegt.[34] Ein Teil der eingesetzten Energie kann zwar durch die Verbrennung des gewonnen Wasserstoffs oder durch die Umwandlung in einer Brennstoffzelle zurück gewonnen werden, dennoch sind bei beiden Umwandlungsprozessen auftretende Energieverluste unvermeidlich. Das häufigste Verfahren zur Gewinnung von Wasserstoff ist die Erdgasdampfreformation (EDR). Diese hat die Folge, hier wird fossiles Erdgas verbraucht und damit auch die ähnlichen Mengen an CO_2-Emissionenen freigesetzt, die bei der Erdgasverbrennung selbst entstehen. Aufgrund dieser Tatsache ist auch dieses Verfahren mit negativen ökologischen Faktoren behaftet.

4.1.3   Die ökonomischen Aspekte

Damit Wasserstoff einer breiten Masse zugänglich gemacht werden kann, wäre für Deutschland ein Bedarf von etwa 1500 Tankstellen nötig. Der finanzielle Aufwand liegt dabei im Rahmen dessen, was für den Unterhalt des Netzes der heutigen existierenden Tankstellen aufgebracht werden muss. Demnach würden keine enormen Zusatzkosten entstehen.
Vorteilhaft ist auch die Tatsache, dass der Wasserstoff im Gegensatz zu den bisherigen Treibstoffen (Benzin) lokal erzeugt werden kann. Demnach fällt teilweise der Transportaufwand weg und die Kosten für die Versorgung der Tankstellen steigen keineswegs proportional zu ihrer Anzahl an.
Von einer anderen Seite werden die Anfangsphase der Wasserstoffwirtschaft und die damit einhergehenden Zusatzkosten für die Infrastruktur genau gegenteilig beschrieben. Die Versorgungsinfrastruktur für ein zugelassenes Wasserstofffahrzeug würde mehrere tausende Euro betragen. Die Kosten für den Wasserstoff hängen von der Menge und der Regelmäßigkeit der Nutzung ab. Entscheidend für die Kosten ist auch die Reinheit des Wasserstoffs und wie weit der Nutzer von einer günstigen Quelle entfernt ist. Die Industrie, wie z.B., Windparks und Wasserkraftwerke produzieren heute schon zum Teil Überschüsse an Wasserstoff, die dafür genutzt werden könnten. Hier bieten sich günstige Quellen an, die den Wasserstoff zu Preisen ermöglichen, die in der Größenordnung von Benzin und Diesel liegen.

---

[32] Schmidtchen, Ulrich, Dr.; (FN 3); S. 4
[33] Puls, Thomas; (FN 1); S. 70
[34] Vgl. Puls, Thomas; (FN 1); S 72

4.1.4 Fazit der Aspekte

Vorteile:
- Universell vorhanden
- auf unterschiedlichste Weise herstellbar
- transportabel und speicherfähig
- Umweltfreundlich in der Verwendung
- hohe massenbezogene Energiedichte
- Nutzungsmöglichkeiten der vorhandenen Infrastruktur
- lokale Produktion möglich
- Verringerung der Transportkosten
- Heute schon vorhandene Produktionsüberschüsse

Nachteile:
- Speicherung komplizierter als bei den bisherigen Treibstoffen
- niedrige volumenbezogene Energiedichte
- selten in reiner Form, meist gebunden
- Umwandlungsprozesse mit Energieverlusten
- Emissionen bei der Herstellung
- hoher Investitionsaufwand in der Anfangsphase

Viele Wissenschaftler und Visionäre trauen dem Wasserstoff das Potenzial zu, die Nachfolge von Holz, Kohle oder Öl anzutreten. Noch ein großes Problem, das sich bei der Verwendung von Wasserstoff darstellt ist, die relativ energieintensive Produktion und die Speicherung.

Bei jeder Produktionsform treten negative Effekte auf. Das Problem des Wasserstoffs liegt nicht in der Umwandlung damit er als Treibstoff genutzt werden kann, sondern in den nach wie vor benötigten Primärenergieträgern. An dieser Thematik muss in der Zukunft geforscht werden, denn der Wasserstoff alleine betrachtet, bietet eigentlich so gut wie nur Vorteile. In der momentanen Gesamtbetrachtung ist dies aus heutiger Sicht, aus den bereits genannten Gründen, noch differenziert zu sehen.

„Egal, ob der Wasserstoff in einer VKM verbrannt oder in einer Brennstoffzelle in Strom umgewandelt wird, aus dem Auspuff kommt eigentlich nur Wasserdampf – es entstehen keine Treibhausgase und auch Luftschadstoffe sind de facto eliminiert. In dieser Betrachtungsweise handelt es sich um eine unschlagbare Ökobilanz, ohne direkt verursachende Emissionen."[35] Doch Vorsicht, dies ist ein Zerrbild, denn die indirekten Emissionen der Wasserstoffaufbereitung sind hier nicht eingerechnet. Danach hätten wir eine andere Ökobilanz.

4.2 Alternative 5 = Erdgasfahrzeuge

Für den besseren Einstieg auch hier eine kurze Definition und Beschreibung des Erdgasfahrzeuges.
„Ein **Erdgasfahrzeug**, auch **Erdgasauto** oder englisch **Natural Gas Vehicle** (NGV) oder **CNG vehicle** genannt, ist ein Fahrzeug, dass heute vorrangig mit komprimiertem Erdgas als Kraftstoff betrieben wird und mit einem Verbrennungsmotor als Antriebsaggregat ausgestattet ist. Der Motor entspricht einem herkömmlichen Ottomotor. Anstatt eines Benzin-Luft-Gemisches wird ein aufbereitetes Erdgas-Luft-Gemisch in den Zylindern verbrannt.

Da Erdgas bei atmosphärischem Normaldruck im Vergleich zu Dieselkraftstoff eine sehr geringe Energiedichte besitzt und mit 0,036 MJ/Liter einen niedrigeren volumetrischen

---

[35]Puls, Thomas; (FN 1); S. 73

Heizwert als Diesel mit 34,7 MJ/Liter hat, wird das Erdgas auf etwa 200 bar verdichtet (CNG = Compressed Natural Gas) oder durch Temperatursenkung auf −162 Grad Celsius verflüssigt (LNG = Liquefied Natural Gas), um eine ausreichende Energiemenge in einem vertretbaren Volumen im Fahrzeug mitführen zu können. Das Erdgas aus dem bereits bestehenden Erdgasnetz, als heute wichtigster Energieträger im Haushaltsbereich, wird in den Tankstellen komprimiert und steht somit auch dem Autoverkehr zur Verfügung.

Aufgrund der Umweltvorteile für Erdgas gibt es in Deutschland bis 31. Dezember 2018 eine Steuerbegünstigung bei der Mineralölbesteuerung von Kraftstoffen. Auch die Europäische Kommission will den Anteil von Erdgasfahrzeugen am europäischen Kraftfahrzeugbestand unterstützen, so dass bis 2020 rund 10 % aller Fahrzeuge mit Erdgas fahren könnten. Erdgasfahrzeuge sind nicht zu verwechseln mit den Autogasfahrzeugen, die mit Flüssiggas (LPG = Liquefied Petroleum Gas) betrieben werden."[36]

Hierbei handelt es sich also, um einen alternativen Kraftstoff für eine bestehende Antriebsart, den Verbrennungsmotor. Auch bei dieser Technologie handelt es sich nicht um eine neue Idee. Erdgas unterteilt man zum einen in komprimiertes Erdgas (CNG) und in Flüssiggas (LPG).

4.2.1 Die ökologischen Aspekte

Die ökologischen Aspekte die für diesen alternativen Antrieb sprechen, sind der geringere CO_2-Ausstoß, der eine wesentliche Bedeutung für den Klimaschutz hat. Ebenso sprechen für diesen Kraftstoff kaum Feinstaub und erheblich weniger Stickoxide als bei Dieselfahrzeugen. Die heute produzierten Erdgasfahrzeuge halten die vorgegebnen 140 Gramm CO_2 pro Kilometer ohne Probleme ein. Dies hat sich die Autoindustrie selbst als Ziel bis 2008 gesetzt. Erdgas hat sogar noch eine steigernde Variante, wenn es sich bei dem Erdgas, um reines oder zumindest teilweise um Bioerdgas handelt, kann der CO_2-Ausstoß weiter bzw. bis auf Null gesenkt werden. Dies bedeutet, hier gibt es noch viele potenzielle Möglichkeiten der Weiterentwicklung. Ebenfalls ein Punkt, der für diesen Kraftstoff spricht. Ein wichtiger Aspekt stellt die Tatsache dar, dass die vorhandenen Ressourcen für mehrere Generationen auch bei steigendem Bedarf ausreichend vorhanden sind. Weiter ist festzustellen, durch Erdgas besteht die sinnvolle Möglichkeit, die durch Produktion fossiler Energieträger entstehenden Restgase zu nutzen, die sonst ungenutzt blieben. In der Regel werden die Restgase heute einfach ohne weiteren Nutzen verbrannt. Durch die Verwendung für die Erdgasfahrzeuge, können diese Restgase für den Straßenverkehr nutzbar gemacht werden.

4.2.2 Die technologischen Aspekte

„Bei Erdgas unterscheidet man zwischen L-Gas (Low) und H-Gas (High). L-Gas besteht aus ca. 85% Methan, 10% N_2 und CO_2 und der Rest aus sonstigen Kohlenwasserstoffen. H-Gas dagegen besteht aus bis zu 99% Methan!"[37] Die Technologie für den Gebrauch von Erdgas als alternativen Kraftstoff ist für beide Varianten verfügbar.

Eine weitere Unterscheidung findet in komprimiertes Erdgas (CNG) und Flüssiggas (LPG oder auch GTL) statt.
Stichpunkte zu komprimiertem Erdgas (CNG) sind:
  - Kann komprimiert bei 200 bar verwendet werden.

---

[36]Wikipedia, der freien Enzyklopädie; Stichwort: Erdgasfahrzeug; URL:
http://de.wikipedia.org/wiki/Erdgasfahrzeuge
[37] Kleinanzeigenmarkt für Autogas und Erdgasfahrzeuge; Informationsportal rund ums kostengünstige und umweltfreundliche Fahren mit Autogas und Erdgasfahrzeugen; Erdgassysteme - Die Technik; Technische Informationen zum Erdgassystem; Erdgas - Was ist das?; URL:
http://www.autogas-boerse.de/3.0/erdgas_infos/die_technik.htm

- Kann auch komprimiert transportiert werden und ist auch in der Herstellung mit einem geringeren Energieverbrauch möglich.
- Weiterer Vorteil - es ist gut geeignet als idealer Kraftstoff für Fremdgezündete Motoren.
- Der Primärenergieverbrauch ist bei der Herstellung von CNG mit Benzin vergleichbar.[38]

Stichpunkte zu Flüssiggas (LPG):
- Der Unterschied liegt in der anderen Zusammensetzung und vor allem handelt es sich hier um einen wesentlich niedrigeren Druck (max. 10 bar im Vergleich zu 200 bar, wie oben bei CNG bereits erwähnt).
- Interessant ist LPG auch für Pkw, da hier die Speicherung von Erdgas in kleineren Drucktanks erfolgen kann. Das benötigte Platzvolumen ist geringer als bei Erdgas (CNG)
- LPG stellt ein Nebenprodukt der Erdölförderung und -produktion dar. Als Vorteil ist zu nennen, LPG wird automatisch bei der Erdölförderung und bei den Raffinerieprozessen produziert, damit ist kein zusätzlicher Aufwand erforderlich.
- Bei Erdgas haben wir eine vergleichbare Energieeffizienz in der Produktionskette, wie bei der Herstellung von Benzin und Diesel und deren Nutzung.[39]

4.2.3 Die ökonomischen Aspekte

Die Vorteile dieses Antriebes sprechen für sich, „denn Erdgas ist rund 50 Prozent günstiger als Benzin und etwa 30 Prozent preiswerter als Diesel."[40] Besonders die ökonomische Seite spricht für diesen Antrieb, aufgrund der bis 2018 bestehenden gesetzlich gesicherten steuerlichen Vergünstigungen für Erdgas. Auch bei der Kfz-Steuer und der Vermeidung von Mehrkosten für einen Russpartikelfilter, besteht die Möglichkeit, erheblich Geld zu sparen. Die anfangs höheren Investitionskosten werden jedoch aufgrund der niedrigen Abgas-Emissionen direkt wieder umgewandelt.
Ein weiterer Vorteil ist der, dass in Europa bereits eine gut ausgebaute Infrastruktur und ein weit reichendes Verteilungsnetz für Erdgas besteht. Unter den ökologischen Aspekten bereist erwähnt, werden auf den Förderfeldern Erdgas (Restgase) sinnlos verbrannt. Dies ist auch unter ökonomischen Aspekten wenig sinnvoll, denn hiermit werden nutzbringendes Kapital und Ressourcen verschwendet.

Aufgrund der weiter steigenden Nachfrage und der sinkenden Fördermengen in Europa, könnte der weitere Bedarf durch Pipeline-Ferntransporte gedeckt werden. Dies würde allerdings eine mögliche hohe Abhängigkeit von Lieferant und Abnehmer nach sich ziehen. Damit ist gemeint, sollten in den Lieferanten-Ländern politische Unruhen oder Unstimmigkeiten auftreten, wären die benötigten Lieferungen eventuell in Gefahr. Ebenso können die Lieferanten leicht die Preise erhöhen und die Abnehmer wären bei wenigen Ausweichmöglichkeiten gezwungen sein diese Preise zu bezahlen. Sollten die Lieferantenländer ihre Devisen und Wirtschaft auf diese Erdgaslieferungen konzentrieren, wäre bei Ausfall der Abnehmermöglichkeiten mit hohen wirtschaftlichen Verlusten zu rechnen. Abschließend lässt sich damit festhalten, diese Möglichkeit bedingt ein hohes Vertrauensverhältnis auf beiden Seiten und kann die Wirtschaft positiv wie negativ entscheiden beeinflussen.

---

[38] Vgl. Kolke, Roland; (FN 9); S. 7
[39] Vgl. Kolke, Roland; (FN 9); S. 12
[40] ALTERNATIVFAHREN; Informationsportal rund um Alternative Antriebe im Kfz; Fazit zur AMI 2007: Erdgasfahrzeuge im Fokus der Besucher; Hersteller stellen Serienstart der Erdgas-Turbomotoren in Aussicht; URL: http://www.alternativ-fahren.de/Erdgas/News/Erdagsfahrzeuge_auf_der_AMI_2007.shtml

4.2.4 Fazit der Aspekte

Vorteile:

- geringer CO_2-Ausstoß
- ausreichend Ressourcen vorhanden
- geringer Feinstaub-Ausstoß
- guten Weiterentwicklungsmöglichkeiten
- günstige Preise
- steuerliche Vergünstigungen

Nachteile:

- Transportkosten durch weite Beschaffungswege
- hohe Abhängigkeitsbeziehung zwischen Lieferant und Abnehmer

Das Erdgasfahrzeug hat viele ökonomische Vorteile und ist daher auch gut für den Massenmarkt geeignet. Auf jeden Fall tragen die Verwendung von LPG und CNG zu einer nachhaltigen Verbesserung der Immissionssituation bei.

4.3 Alternative 6 = Biokraftstoffe (Biodiesel / Pflanzenöle)

„Als **Biokraftstoff** oder Biotreibstoff werden Kraftstoffe für Verbrennungsmotoren bezeichnet, die aus Biomasse hergestellt werden."[41]
„**Biodiesel** ist ein nach seiner Verwendung dem Dieselkraftstoff entsprechender pflanzlicher Kraftstoff. Im Gegensatz zum konventionellen Dieselkraftstoff wird er nicht aus Rohöl, sondern aus Pflanzenölen oder tierischen Fetten gewonnen. Biodiesel wird deshalb als ein erneuerbarer Energieträger bezeichnet. Chemisch handelt es sich um Fettsäuremethylester (FAME).
Am 31. August des Jahres 1937 meldete der Belgier G. Chavanne der freien Universität von Brüssel ein Patent zur Umesterung von Pflanzenölen durch Ethanol (auch Methanol wird erwähnt) an, um deren Eigenschaften zur Nutzung als Motorenkraftstoff zu verbessern (Belgisches Patent 422,877)."[42]
„Unbehandelte **Pflanzenöle**, umgangssprachlich abgekürzt auch als **Pöl** bezeichnet, können als Kraftstoff für Dieselmotoren in mobilen und stationären Anwendungen verwendet werden. Sie zählen zu den erneuerbaren Energieträgern. Aufgrund der gegenüber Dieselkraftstoffen höheren Viskosität und der niedrigeren Cetanzahl, sind an gewöhnlichen Dieselmotoren in der Regel Anpassungsmaßnahmen notwendig. Diese besteht zum Beispiel in der Erhitzung des Kraftstoffes, um die Viskosität unmittelbar vor dem Eintritt in die Einspritzanlage zu verringern. Diese Technologie ist bereits von Vielstoffmotoren bekannt.
Die Nutzung von Pflanzenölen als Kraftstoff ist nicht CO_2-neutral im erweiterten Sinne. Bei der Verbrennung wird nur die Menge CO_2 freigesetzt, die die Pflanzen vorher durch Photosynthese aus der Atmosphäre entnommen haben. Es wird jedoch bei der Produktion selbst Kraftstoff verbraucht, und damit in der Regel auch Kohlendioxid freigesetzt. Außerdem erzeugt der Hauptlieferant, die Rapspflanze, während des Wachstums das Treibhausgas Dickstickstoffmonoxid (N_2O, Lachgas)"[43].

Auch diese Alternative ist nicht neu, Sie war besonders in den 70er Jahren sehr in der Diskussion, den Primärenergieträger durch Biomasse zu substituieren.
„Neben der Bereitstellung von Nahrungs- und Futtermitteln kann die Landwirtschaft mit der Erzeugung von Rohstoffen und Energie wieder die Funktionen übernehmen, die ihr seit ca.

---

[41] Wikipedia, der freien Enzyklopädie; Stichwort: Biokraftstoff; URL: http://de.wikipedia.org/wiki/Biokraftstoffe
[42] Wikipedia, der freien Enzyklopädie; Stichwort: Biodiesel; URL: http://de.wikipedia.org/wiki/Biodiesel
[43] Wikipedia, der freien Enzyklopädie; Stichwort: Pflanzenöle URL:
http://de.wikipedia.org/wiki/Kraftstoff_Pflanzen%C3%B6l

100 Jahren mit der zunehmenden Nutzung fossiler Rohstoffe vorübergehend entzogen worden sind."[44]

Die vorhandene Biomasse lässt sich in eine Vielzahl von Kraftstoffen umwandeln. Die zwei grundlegenden Möglichkeiten der Erzeugung, sind der gezielte Anbau in der Forst- und Landwirtschaft oder die Herstellung aus Bioabfällen.

Als Beispiel zur Komplettierung und Ergänzung sind hier noch Biodiesel und Pflanzenöle als Möglichkeiten für die Umwandlung der Biokraftstoffe erwähnt. Aufgrund des insgesamten Umfangs wird aber nicht weiter auf diese beiden Punkte eingegangen. Festzustellen ist, die beiden erwähnten Möglichkeiten stellen nicht die einzigen Möglichkeiten für Kraftstoffe aus Biomasse dar, aber unter anderem die bekannteren. Die nachfolgenden Aspekte beziehen sich auf die Biomasse / Biokraftstoffe im Allgemeinen.

4.3.1 Die ökologischen Aspekte

Ein Argument stellt die weitgehende CO_2 neutrale Biomasse dar. Dieser Energieträger kann ohne großen Energieaufwand und ohne Umweltbelastungen bei der Erzeugung (Anbau, Ernte) sowie der Weiterverarbeitung bereitgestellt werden. Die jährlich heranwachsende Pflanzenmasse speichert zehnmal mehr Sonnenenergie, als die Weltbevölkerung an Energie benötigt.[45] Die Nutzung als Kraftstoff ist mit ca. 1% der gesamten Anbaumasse so gering, dass keine Konkurrenz zur Nahrungsversorgung entsteht.

4.3.2 Die technologischen Aspekte

Ein großer Vorteil der Biomasse, ist das weite Einsatzgebiet. Biomasse kann man auch als so genannten „Alleskönner" bezeichnen. Sie eignet sich zur Herstellung von Strom, Wärme und Kraftstoffen. Hier konzentriert sich die technologische Nutzung auf den effektiven Anbau oder die Umwandlung von Bioabfällen zu Biokraftstoffen.

4.3.3 Die ökonomischen Aspekte

Aufgrund der vielfältigen Nutzungsmöglichkeiten besteht die Gefahr der schnellen Preissteigerung für diesen Rohstoff. Allerdings spricht momentan noch der geringe Preis für Biodiesel im Vergleich zu Benzin und Diesel. Ebenso besteht hier die Möglichkeit der Nutzung von bestehender Infra- und Nutzungsstruktur.

4.3.4 Fazit der Aspekte

Vorteile:

- geringer CO_2-Ausstoß
- staatliche Förderung
- Flexibilität in Bezug auf verschiedene biogene Ressourcen
- ausreichende Ressourcen
- unbegrenzte Einsatzmöglichkeiten
- günstig im Preis

---

[44] Munack, Axel; Krahl, Jürgen; Bundesforschungsanstalt für Landwirtschaft (FAL); Landbauforschung Völkenrode – FAL Agricultural Reserch; Sonderheft 239; 2002;. S .3
[45] Vgl. Munack, Axel; Krahl, Jürgen (FN 45); S. 3

Nachteile:

- Monokulturen und Massenanbau sind Grenzen gesetzt
- Biokraftstoffketten (geographische Erzeugung, Anbau- und Verarbeitungs-
methoden oder die Transportwege)

Dieser alternative Kraftstoff hat zwar sehr viele Vorteile, jedoch handelt es sich auch nicht um ein „Perpetuum mobile". Es sind zwar ausreichend Ressourcen vorhanden, allerdings nicht unerschöpflich.

5 Generelle und gegenseitige Bewertung der Antriebssysteme / Möglichkeiten

Unter diesem Punkt werden die wesentlichen Merkmale verglichen. Ebenso werden damit auch die Fragen die in der Einleitung beschrieben wurden aufgegriffen.

Als erstes werden noch einige Punkte erwähnt, die allgemein für die Bewertung interessant sind und dann werden die einzelnen Punkte bewertet und beschrieben.
Erstens ist bei der Bewertung zu berücksichtigen, handelt es sich hier um ein komplett neues Antriebssystem wie der Elektromotor oder die Brennstoffzelle oder geht es hier um alternative Kraftstoffe für bestehende Antriebssysteme.
Die neuen Antriebssysteme haben die Möglichkeit mit verschiedenen Energiequellen / Kraftstoffe zu laufen. Demnach kommt es nicht nur auf den Antrieb selbst, sondern auch auf die Kombination mit dem entsprechenden Kraftstoff an.
Wichtig bei der Bewertung ist ebenfalls, nicht nur das Antriebssystem zu sehen oder den Kraftstoff, sondern auch seine Herstellung. Nicht das Endprodukt alleine ist zu betrachten und zu bewerten.
Ein Punkt der auch für die Bewertung interessant ist, sind die verschiedenen Ebenen mikro- und makroökonomischer Ebene. Auf der mikroökonomischen Ebene spielen Kriterien für den einzelnen Autofahrer und damit für die Kaufentscheidung eine Rolle. Diese Faktoren haben damit einen entscheidenden Einfluss auf den Absatz eines Produktes und damit den wirtschaftlichen Erfolg eines Konzeptes.[46]
Interessant für die Bewertung sind die Vermeidungskosten, also welchen Nutzen bringen die zusätzlichen Kosten der Zukunftstechnologie im Verhältnis der Möglichkeiten der Emissionsreduktion. Anders ausgedrückt, bringen die Mehrkosten auch den gewünschten Effekt und Erfolg in Bezug auf den ökologischen Nutzen.

Was zeichnet ein alternatives Antriebssystem aus bzw. wann kann man davon sprechen?
Das grundlegende Entscheidungskriterium ist die Umweltverträglichkeit des alternativen Antriebssystems (Möglichkeit). Denn gerade der Straßenverkehr steht seit Jahren unter kritischer Beobachtung und ist ein wesentlicher Punkt in der Klimadiskussion. Damit können alternative Antriebssysteme / Möglichkeiten nur dann darunter fallen, wenn sie in ihrer Umweltverträglichkeit und Ökobilanz besser sind, als die konventionellen Antriebssysteme und Möglichkeiten. Vom Grundsatz erfüllen alle oben genannten und beschrieben alternativen Antriebssysteme / Möglichkeiten diesen Punkt.

Der erste Punkt stellt die Reduzierung von CO_2-Ausstoß und die generelle Emissions-Reduktion dar:
Diesen Aspekt erfüllen alle oben genannten alternativen Antriebssysteme. Am besten schneidet dabei der Elektromotor mit Null-Emissionen und die Biokraftstoffe, ebenfalls mit Null-CO_2-Ausstoß ab. Auch der Wasserstoff schneidet sehr positiv ab (bei diesem alternativen Kraftstoff entsteht nur Wasserdampf als Endprodukt).

Die Nutzung der Primärenergie ist ein weiterer wichtiger Aspekt:
Hierbei fällt das Urteil nicht so gut aus. Der Grund hierfür ist, die meisten alternativen Energien, die in ihrer Betrachtung als Sekundärenergie sehr positiv ausfallen, müssen nach heutigem Stand auf die fossilen Energieträger zurückgreifen. Dies zeigt auch dieses Zitat:
„Ein Energieträger kann höchstens so umweltschonend sein wie die Primärenergie aus der er gewonnen wird (und auch nicht billiger)."[47]
Der Elektromotor bezieht beispielsweise seinen Strom noch weitgehend aus Kohle oder Atomstrom. In diesem Bereich fallen auch der Hybridmotor und die Brennstoffzelle, die auch auf Strom angewiesen sind. Bei Wasserstoff ist es vor allem die Produktion bzw.

---

[46] Vgl. Puls, Thomas; (FN 1); S. 12
[47] Schmidtchen, Ulrich, Dr.; (FN 3); S. 6

Umwandlung in reinen Wasserstoff. Hier kommt die Energie für die Produktion auch noch weitgehend von fossilen Primärenergieträgern.

Die beste Bewertung fällt hierbei auf die Erdgasfahrzeuge, da Erdgas bei der Produktion von Erdöl und in den Raffinerien als Nebenprodukt anfällt. Sowie die Biokraftstoffe, bei denen es sich als einzige um eine Primärenergie handelt und demnach der Rückgriff auf die Primärenergie, wie bei den anderen alternativen Antriebssystemen / Möglichkeiten automatisch entfällt.

Die Bewertung anhand der Ökobilanz stellt den nächsten Punkt dar:
Hier kommt man bei einer differenzierten Betrachtungsweise zu verschiedenen Ergebnissen. Grund: Betrachtet man die meisten alternativen Antriebssysteme / Möglichkeiten alleine auf ihre direkte Wirkung als Sekundärenergieträger, fällt die Bewertung fast immer sehr positiv aus. Betrachtet man allerdings den gesamten Prozess von der Herstellung bis zum Endergebnis, fallen viele oben genannten alternativen Antriebssysteme / Möglichkeiten weit weniger positiv in ihrer Ökobilanz aus.

Auch hier erzielen das Erdgasfahrzeug und die Biokraftstoffe aufgrund der bereits unter Nutzung der Primarenergie genannten Punkte die besten Ergebnisse.

Der nächste Punkt stellt die Kostenseite dar: Wie sieht es mit den Kosten und der damit verbunden betriebswirtschaftlichen Sichtweise aus?
Dieser Punkt ist entscheidend für die Nutzung in der Zukunft. Denn eine zu teure Produktion oder Kosten für den Treibstoff sind ungeeignet für die Einführung in einen breiten Massenmarkt. Die meisten alternativen Antriebssysteme / Möglichkeiten sind in diesem Punkt teurer als die konventionellen Varianten.
Das Hybridfahrzeug und die Brennstoffzelle sind besonders in ihren aktuellen Herstellungskosten noch sehr teuer. Bei der Brennstoffzelle sind es vor allem die Kosten für den hohen Platinbedarf pro Fahrzeug. Das Elektrofahrzeug ist in der Anschaffung noch relativ teuer.

Die besten Ergebnisse erzielt hier der Wasserstoff. Dieser braucht zwar in der Anfangsphase noch einen hohen Investitionsaufwand, allerdings gibt es für diesen Kraftstoff heute schon günstige Quellen. Denn Wasserstoff kann z.B. auf Produktionsüberschüsse aus Windkraftwerken oder ähnliches zurückgreifen und hat damit für die Zukunft die Möglichkeit, als günstiger Kraftstoff zu fungieren. Ebenso sind die Erdgasfahrzeuge und die Biokraftstoffe im Vergleich zu den konventionellen Antriebssystemen / Möglichkeiten aus heutiger Sicht die günstigsten Varianten.

Betrachtet man auch noch die betriebswirtschaftliche Seite und damit die generellen Marktchancen, sieht es bei den genannten Antriebssystemen / Möglichkeiten wie folgt aus:

Einen potenziellen Markt gibt es besonders für die Hybridfahrzeuge in den USA, da diese Technologie heute schon Einsatz findet und durch die hohe Flexibilität Anreize bietet. Auch das Erdgasfahrzeug hat gute betriebswirtschaftliche Weiterentwicklungsmöglichkeiten. Die Biokraftstoffe und die Brennstoffzelle zeichnen sich ebenfalls durch ihre Flexibilität für gute Marktchancen aus.

Ist eine Umsetzung für eine breite Kundenschicht geeignet und bezahlbar?
Ergänzend zu den oben genannten Punkten sind auch hier die Biokraftstoffe, der Wasserstoff und die Erdgasfahrzeuge aus heutiger Sicht zu bewerten. Sie sind damit auch auf weitere Sicht für eine breite Kundenschicht geeignet, sowie bezahlbar.

Ein weiter Punkt ist die staatliche Förderung:
Wie sieht es mit rechtlichen/staatlichen Vorgaben aus?
Die staatlichen Vorgaben für den CO_2-Austoß sind in den letzten Jahren weiter verschärft worden und weitere Vorgaben werden noch folgen. Wie oben bereits beschrieben, sind diese Vorgaben für die genannten alternativen Antriebssysteme / Möglichkeiten kein Hindernis mehr und erfüllbar. Auch die mittlerweile bestehenden rechtlichen Vorgaben sind für diese alternativen Antriebssysteme / Möglichkeiten weitgehend umsetzbar.
Besonders werden aktuell die Hybridfahrzeuge und die Biokraftstoffe staatlich gefördert. Die Erdgasfahrzeuge zeichnen sich durch steuerliche Vergünstigungen aus. Für die anderen behandelten alternativen Antriebssysteme / Möglichkeiten sind in der Recherche keine direkten Hinweise von staatlicher Förderung und steuerlichen Vergünstigungen gefunden worden. Darunter fallen die Elektrofahrzeuge, die Brennstoffzelle und der Wasserstoff. Deshalb können sie hier in der Bewertung nicht weiter berücksichtigt werden.

Wie sieht es mit der erforderlichen Infrastruktur aus?
Hierbei schneiden die Erdgasfahrzeuge, der Wasserstoff und die Biokraftstoffe am besten ab. Bei Wasserstoff kann auf das bereits bestehende Tankstellensystem zurückgegriffen werden; wie unter Punkt 4.1.3 beschrieben wurde. Allerdings wird auch unter diesem Punkt eine genau gegenteilige Meinung vertreten. Ein endgültiges Ergebnis kann meiner Meinung nach nur bei der direkten Umsetzung erfolgen. Bei den Erdgasfahrzeugen sind heute schon Tankstellen zu finden, die auch diese Möglichkeit bieten. Die weiteren alternativen Antriebssysteme / Möglichkeiten finden bezüglich dieses Punkts keine konkrete Erwähnung und können deshalb auch nicht weiter in die Bewertung einfließen.

Wie sehen die technologischen Umsetzungsmöglichkeiten aus?
Die meisten alternativen Antriebssysteme / Möglichkeiten sind keine Erfindungen der heutigen Zeit, wie unter den einzelnen Punkten schon erwähnt. Aufgrund dessen, dass die meisten oben genannten alternativen Antriebssysteme / Möglichkeiten über die Jahre nicht weiterentwickelt wurden, besteht bei den meisten erhebliches Entwicklungspotenzial.
Bei den Hybridmotoren haben wir es mit einer sehr hohen technischen Komplexität zu tun. Das Anliegen in der heutigen Zeit ist es deshalb, diese Technologie überschaubar zu machen. Elektroantriebe haben heute noch das technische Problem der geringen Speicherung und damit auch eine kurze Reichweite.
Im Gegensatz dazu hat die Brennstoffzelle einen sehr hohen Wirkungsgrad in der Umsetzung und Ausnutzung der eingesetzten Energie. Für Wasserstoff spricht die gute massenbezogene Energiedichte.
Viele alternative Antriebssysteme sind von dem Wirkungsgrad mit den heutigen Fahrzeugen vergleichbar. Beispielsweise ein Brennstoffzellenfahrzeug, das mit dem Kraftstoff Erdgas betrieben wird, ist mindestens so effizient wie ein hocheffizientes Dieselfahrzeug oder ein hybridisiertes Erdgasfahrzeug. Die Entwicklungsmöglichkeiten sehen besonders für die Brennstoffzellenfahrzeuge im Vergleich zu anderen Antriebssystemen sehr gut aus.

Abschließend kann man sagen, dass alle oben genannten alternativen Antriebs-systeme / Möglichkeiten ausgehend von ihren grundsätzlichen technischen Möglichkeiten umgesetzt werden können. Realistisch beurteilt und nach heutigem Stand der Entwicklung sind alle alternativen Antriebssysteme / Möglichkeiten von einem breiten Einsatz auf dem Markt noch weit entfernt. Die meisten sind entweder in der Entwicklungsphase oder Projekteinsätzen bzw. Nischenbereichen im Einsatz. Das Potenzial als Zukunftstechnologie haben alle alternativen Antriebssysteme / Möglichkeiten.
Besonders gute Chancen haben die Brennstoffzelle, Wasserstoff und auch die Biokraftstoffe.

Ist die Voraussetzung einer dauerhaften Nutzung der alternativen Rohstoffe gegeben?
Alle oben genannten alternativen Antriebssysteme / Möglichkeiten sind auf eine dauerhafte Nutzung ausgelegt. Wasserstoff zeichnet sich in Bezug auf die dauerhafte Nutzung besonders aus. Außerdem sind beim Wasserstoff auch die ausreichend vorhandenen Ressourcen damit gemeint. Denn Wasserstoff kommt auf der Erde mit Abstand als

häufigstes Element vor. Ebenso positiv schneiden hier die Biokraftstoffe ab. Denn hierbei handelt es sich um einen nachwachsenden Rohstoff und damit auch um ausreichend vorhandene Ressourcen.
Der wesentliche Punkt, der in Bezug auf die dauerhafte Nutzung beachtet werden muss, ist der bereits unter Punkt Primärenergie erwähnte Rückgriff auf die fossilen Primär-energieträger.

Die meisten alternativen Antriebssysteme / Möglichkeiten, wie Hybridfahrzeuge, Elektro-Motoren und auch die Brennstoffzelle benötigen heute noch fossile Primärenergien. Da für diese wie unter Punkt 2. in der Problemstellung erwähnt wurde, die endgültige Ressourcen-Ausschöpfung der Erdölvorkommen weltweit feststeht, kann diese Vorraussetzung nicht dauerhaft aufrechterhalten werden.
Abschließend lässt sich damit sagen, wenn die eben genannten alternativen Antriebs-systeme / Möglichkeiten in der Forschung soweit sind, dass der Rückgriff auf die heutigen fossilen Brennstoffe nicht mehr nötig ist, kann man auch hier von auf dauerhafte Nutzung ausgelegte Antriebssysteme / Möglichkeiten sprechen. Bezieht man die heutige Nutzung der fossilen Primärenergieträger mit ein, kann von keiner dauerhaften Nutzung ausgegangen werden.

Gibt es schon alternative Antriebssysteme, die eingesetzt werden oder sich in der Testphase befinden?
Ja, es werden heute schon alternative Antriebssysteme / Möglichkeiten eingesetzt. Unter den gegebenen Bedingungen, die unter dem Punkt der technologischen Umsetzungsmöglichkeiten bereits beschrieben wurden. Aus diesem Grund wird hier nicht weiter auf die Frage eingegangen, da sie bereits unter dem erwähnten Punkt beantwortet wurde.
Zusammenfassend kann kein alternatives Antriebssystem / Möglichkeit als komplett positiv bewertet werden. Die meisten positiven Bewertungen finden sich für folgende alternative Antriebssysteme / Möglichkeiten: Biokraftstoffe, Erdgasfahrzeug, Wasserstoff sowie die Brennstoffzelle.

5.1 Die Umsetzbarkeit der Antriebssysteme

Alle der oben beschriebenen Antriebe und Kraftstoffe sind heute bereits technisch umsetzbar. Das heißt, wir reden hier nicht von kompletter Zukunftsmusik. Die einzelnen oben beschriebenen Antriebsarten / Möglichkeiten sind von ihrer Entwicklung her keine Erfindungen der Neuzeit. Allerdings sind für einen Masseneinsatz bei allen Antrieben und Kraftstoffen die oben genannt sind, Weiterentwicklungen nötig. Es treten nach wie vor viele negative Effekte bei der Umsetzung auf, die auch in den nächsten Jahren in der Umsetzung vermutlich nicht behoben sein werden.

Die Umsetzbarkeit scheitert oft an dem Willen der Personen, die an den notwendigen Schalthebeln sitzen. Die weit verbreitete öffentliche Diskussion hat schon einen erheblichen Schritt in den letzten Jahren im Bewusstsein der Gesellschaft und auch der Industrie erzielt. Denn diese Akzeptanz ist neben den rein technischen und gesetzlichen Vorgaben ebenfalls ein entscheidender Punkt in der Umsetzbarkeit der alternativen Antriebsysteme und Kraftstoffe.
Die Umsetzung kann trotz der technischen Möglichkeiten noch an vielen weiteren Faktoren scheitern. Ein wesentlicher Faktor dabei ist die Primärenergie. Der Anteil der erneuerbaren Energien im Strommix wächst zwar stetig an, aber eine komplette regenerative Stromversorgung in Deutschland wird in den nächsten 50 Jahren schwer umzusetzen sein. Bis dahin wird für die Gewinnung wohl auf nicht ganz so umweltfreundlichen Methoden zurückgegriffen werden müssen. Wenn nicht ein grundlegendes Umdenken stattfindet, ob aus Einsicht oder Notwendigkeit, kann eine dauerhafte Umsetzung und Erfolg nicht erzielt werden.

Dieses Umdenken sieht und hört man immer verstärkter auch in der Werbung. Das Beispiel bei Opel „Wir machen die Straßen sauberer", zielt genau in diese Richtung.
Wichtig ist auch das die Industrie nicht nur durch positive Werbung dieses Bild hervorruft, sondern auch entsprechend danach handelt.

6 Prognosen

Anhand der oben beschriebenen verschiedenen Antriebsysteme und Möglichkeiten sehe ich folgende Prognosen für die Zukunft:
Die erste Prognose bezieht sich auf den Einstieg in die neuen Technologien. Am besten beginnt man bei der Umsetzung mit den so genannten Brückentechnologien. Darunter fallen das Hybridfahrzeug, die Brennstoffzelle und der Wasserstoff. Hiermit lassen sich die bestehenden Antriebe am besten auf die neuen Gegebenheiten anpassen. Die Umstellung gestaltet sich einfacher. Diese Technologien können sich in den bestehenden Markt integrieren und gleichzeitig schon den Weg für die neuen alternativen Antriebe und Möglichkeiten bereiten.

Durch die Steigerung des Absatzes von Hybridfahrzeugen und auch der weiteren Nutzung bereits genannten Brückentechnologien können vorhandene Erdölvorkommen länger genutzt und damit der Anpassungszeitraum für den Übergang zu alternativen Antriebssystemen / Möglichkeiten verlängert werden.

Eine weitere Prognose ist die technische Weiterentwicklung als entscheidender Punkt für einen noch besseren und effektiveren Einsatz der alternativen Antriebssysteme und Möglichkeiten. Solange auf die Primärenergieträger auch bei den alternativen Antriebssystemen und Möglichkeiten weitgehend zurückgegriffen wird, ist eine dauerhafte und für die Zukunft gesicherte neue Zukunftstechnologie für den Straßenverkehr und die gesamte Energie-Wirtschaft nicht möglich.

Die Forschung sollte gerade in diesem Bereich der Primärenergie auch das Ziel haben, hier alternative umweltfreundliche Energieformen zu finden. Dieser Punkt ist ebenfalls als entscheidend für die Zukunftstechnologie zu prognostizieren.

Eine erfolgreiche Umsetzung prognostiziere ich eher mit einer Kombination von verschiedenen alternativen Antriebssystemen und Möglichkeiten. Dadurch kann eine bessere Anpassung an die erforderlichen Gegebenheiten erfolgen (umwelttechnisch, politisch, geographisch usw.). Ebenso wird damit eine Situation wie sie heute herrscht, der absoluten Abhängigkeit von einem Rohstoff und eines Antriebssystems, vermieden.

Die Vielfalt sollte auf ein gesundes Mittelmass reduziert werden. Denn sonst kann die globale Mobilität auch nicht gewährleistet werden. Hier sollte eine ideale Kombination an Standardisierung, Flexibilität sowie lokaler Anpassung gefunden werden. Ein Schlagwort, das hierfür steht, ist Glocalization (think global, act lokal). Dieser Denkansatz ist bei dieser Prognose hilfreich.

Da eine Brennstoffzelle in vielen verschiedenen Bereichen eingesetzt werden kann, ergibt sich die Prognose: „Die Anwendung der Brennstoffzellen in stationären Anwendungen erscheint aus heutiger Sicht daher wesentlich Erfolg versprechender zu sein, da Brennstoffzellen bereits die fossilen Energieträger (z.B. Erdgas) wesentlich effizienter in Strom und Wärme umwandeln können ...“[48] Denn im stationären Bereich liegt der Wirkungsgrad der Energieumwandlung bei über 80%. Im Straßenverkehr liegt dieser Wirkungsgradvorsprung deutlich darunter.

Die Prognosen gehen oft weit auseinander. Die einen behaupten, viele Antriebssysteme / Möglichkeiten seien erst einmal nur für den stationären Gebrauch zu verwenden, andere behaupten genau das Gegenteil.

Wenn man die Logik der Wirkungsgrade im Verkehr konsequent anwenden würde, müsste dies auch zum Beispiel für Benzin gelten. Der Straßenverkehr bzw. die Mobilität ist ein

---

[48] Kolke, Roland; (FN 9); S.23

energetisches Verlustgeschäft, dies liegt in der Natur der Sache. Damit fällt dies als bestimmendes Argument gegen den Einsatz weg.

Egal für welches Antriebssystem oder welche Möglichkeit man sich entscheidet, die Zeiten der billigen Energie werden wohl in Zukunft vorbei sein, sollte keine Lösung gefunden werden. Diese Prognose zeigt auch folgendes Zitat „Heutige Preise spiegeln nicht entfernt den Wert der Energie selbst wider."[49].

Damit prognostiziere ich auch, dass in Zukunft mit der gesamten Energie vernünftiger, effektiver und sparsamer umgegangen werden muss. Dadurch lassen sich auch viele heute auftretende Probleme vermeiden.

Eine wichtige Prognose ist, eine grundlegende Umgestaltung der gesamten Energie-Wirtschaft wird nötig sein, um nachhaltig in allen Bereichen (Primär- und Sekundärenergie) einen wirkungsvollen Brückenschlag von der Vergangenheit zur Zukunft der Energie zu finden.

Eine Abhängigkeit in jeder Hinsicht sollte vermieden werden. Dies führt sonst nicht nur zu ökologischen, sondern auch zu wirtschaftlichen und politischen Problemen.

Eine weitere Prognose ist, die Finanzierung durch die Politik ab 2007 soll laut Bundesregierung jährlich 50 Mio. € in dieses Forschungsgebiet der alternativen Antriebs-systeme / Energien und Möglichkeiten investiert werden.[50] Aus meiner Sicht ist die Investitionssumme von 50 Mio. € ein absolutes Minimum. Besser wäre eine weit größere Investitionssumme, denn hierbei handelt es sich um eine wichtige Investition in die Zukunft. Aber auf jeden Fall ist positiv zu bemerken, dass die Regierungen hier endlich einen Handlungsbedarf sehen.

Weiter ist zu prognostizieren, dass ohne die staatliche Einwirkung eine effektive Umsetzung nicht möglich sein wird. Sei es rein finanziell oder durch Förderprogramme, staatliche Regelung oder auch Bestimmung. Der/die Staat/en müssen die Umsetzung und das Umgestalten des Verkehrswesens und der gesamten Energiewirtschaft nachhaltig unterstützen.

Prognose: Ohne ein generelles Umdenken in der Gesellschaft selbst und der Industrie, sowie der nötigen Einsicht von Veränderungen kann auch mit staatlicher Hilfe und Vorschriften kein durchschlagender Erfolg von Anfang an erzielt werden.

Für den Arbeitsmarkt ist zu prognostizieren, dass hier starke Veränderungen im Automobilmarkt auftreten werden. Der Automobilmarkt wird sich auch im Bezug auf den Arbeitsmarkt in die neuen Kernbereiche verschieben. Erstens werden viele Arbeitsplätze verloren gehen, aber auch andererseits neue geschaffen werden. Somit ist zu prognostizieren, dass es keinen generellen Verlust von Arbeitsplätzen auf Dauer gibt, sondern eine Neuordnung wird stattfinden. Vielleicht kann man sogar aufgrund des neuen Know-hows von mehr Arbeitsplätzen als heute ausgehen.

Auf dem Gebiet Forschung und Entwicklung hat Deutschland international eine führende Rolle. Es gibt allerdings Schwächen bei der Entwicklung marktfähiger Produkte. Würden diese Schwächen wegfallen, könnte man die Prognose erwägen, dass Deutschland gute Chancen auf diesem neuen technologischen Zukunftsmarkt hat.

Die größte Umwälzung die vor 200 Jahren ihren Anfang nahm, hat heute ihre Grenzen erreicht und es wird nötig, eine noch tief greifendere Umwälzung in Angriff zu nehmen. Dabei

---

[49] Schmidtchen, Ulrich, Dr.; (FN 3); S. 6
[50] Vgl. Schmidtchen, Ulrich, Dr.; (FN 3); S. 6

kann man prognostizieren, dass die erneuerbaren Energiequellen auf jeden Fall eine dominierende Rolle spielen werden, denn es gibt keine Alternativen um auf diese zu verzichten oder sie nicht zu nutzen. Wenn keine weiteren Schritte in Richtung alternative Antriebe / Möglichkeiten unternommen werden, ist eine Zukunft mit nicht abschätzbaren Folgen zu prognostizieren. Die Umstellung ist dann gravierender, als jetzt die langsame Umsetzung der alternativen Antriebssysteme / Möglichkeiten.

Das Hybridfahrzeug eignet sich ideal als Stadtfahrzeug, deshalb sollten die Potenziale genutzt werden. Hier kommt man langsam zu der Einsicht, dass diese Technik mit dem Doppelmotor nur in bestimmten Fällen einem herkömmlichen Antrieb überlegen ist.

Die Prognose für Biokraftstoffe zeigt selbst bei enorm ausgeweitetem Anbau der vorhandenen Möglichkeiten, dass der Bedarf nicht gedeckt werden könnte. Sollte sich der Bedarf noch weiter erhöhen und der Verkehr weiter steigen, ist eine Umstellung auf Biokraftstoffe als Hauptalternative mit erheblichen Schwierigkeiten verbunden.

„Die Biomasse aus der Land- und Forstwirtschaft kann zukünftig, gemessen am Anteil der regenerativen Energieträger am Primärenergieaufkommen, die größte Bedeutung erlangen."[51] Damit lässt sich eine entscheidende Bedeutung für diese alternativen Kraftstoff prognostizieren, jedoch kann dieser Kraftstoff alleine nicht den kompletten Bedarf decken. Siehe entsprechende Prognose wie vorher beschrieben.

Gerade in dem Bereich der Landwirtschaft sind sehr positive Effekte zu prognostizieren. Durch die Eröffnung des neuen Geschäftsfeldes sind neue Einnahmequellen möglich und die landwirtschaftliche Produktion wird flexibler.

Eine weitere Prognose aus diesem Bereich ist die komplette Änderung der Subventionspraxis und Politik in der EU. Damit wären auch viele Marktchancen für die Entwicklungsländer wieder möglich. Eine mögliche schlussfolgernde Prognose ist, Biokraftstoffe können einen nachhaltigen Beitrag zur Entwicklungspolitik leisten.

---

[51] Munack, Axel; Krahl, Jürgen (FN 45); S. 3

7 Schlussbetrachtung

Einen absoluten alternativen Wunderantrieb bzw. alternativen Kraft- / Treibstoff gibt es aus heutiger Sicht noch nicht. Deshalb würde ich keinen der beschriebenen Antriebe / Kraftstoffe als eindeutige und alleinige Lösung auswählen.
Ein generelles neues Antriebssystem oder neue Möglichkeit von Energiequellen / Kraftstoffen ohne jegliche negative Auswirkungen auf die Umwelt konnte nicht ermittelt werden. Die Ökobilanz hat bei allen Antrieben / Möglichkeiten auch negative Effekte vorzuweisen.

Ich würde mich nach Bearbeitung des Themas für einen Biokraftstoff, ein Erdgasfahrzeug oder Brennstoffzellenfahrzeug in Kombination mit Wasserstoff entscheiden.

Wichtig ist auch, dass rechtzeitig die Warnzeichen erkannt werden und nach weiteren Möglichkeiten geforscht wird, um die bestehende Mobilität der Gesellschaft zu erhalten. Momentan sind wir auf dem Weg dorthin, die Warnzeichen zu erkennen, allerdings meiner Meinung noch nicht in dem dafür erforderlichen Maße. Denn der Verkehr und die damit einhergehende Mobilität ist ein wesentlicher Bestandteil der modernen Gesellschaft, ohne die das heutige Leben so nicht funktionieren könnte.

Das Rohöl ist noch für viele weitere Industrien und Produkte, **der** wesentliche Bestandteil. Allerdings war das nicht Thema dieses Projektes. Die Erwähnung soll nur zeigen, dass das Thema der alternativen Antriebsysteme und Möglichkeiten nur einen Teil darstellt, der für die bevorstehenden Veränderungen der modernen Gesellschaft ausschlaggebend ist.

Es sind viele Punkte in die Entscheidung mit einzubeziehen. Es wurde versucht, in dem Projekt die wesentlichsten zu betrachten. Eine dauerhafte Veränderung kann nur durch eine schrittweise Umstellung der alternativen Antriebssysteme und Möglichkeiten erfolgen. Meiner Meinung nach kann keines der vorgestellten Antriebssysteme und Möglichkeiten alleine als Lösung dienen.

Die heutige Situation zeigt, dass es nicht wieder bei den Rohstoffen und den Verfahren zu einer Mono- oder Oligokultur kommen darf. Die Folgen wären die gleichen, wie sie sich heute für uns darstellen. Damit könnte auch kein Industriezweig eine derartige Machtposition erlangen, wie in unserer Zeit.

Für mich war dies ein sehr spannendes und aktuelles Thema, das ich leider nicht in allen Bereichen vollständig bearbeiten konnte. Damit kann man dieses Projekt als Ausschnitt aus dem weiten Feld dieser Zukunftstechnologien ansehen. Für mich haben sich einige bereits bekannte Punkte bestätigt, allerdings war auch vieles neu. Besonders in Bezug auf die Unterscheidung der Primär- und Sekundärenergie und was dabei zu beachten ist. Ebenso hat sich für mich bestätigt, dass hier auf keinen Fall ein Schwarz-Weiß-Denken angebracht ist, sondern die Gesamtheit aller Faktoren ist ausschlaggebend.
Wenn wir uns dieses zu Herzen nehmen und mit klarem Kopf die nötigen Schritte umsetzen, haben wir eine Chance unsere Umwelt zu retten und gleichzeitig unsere Mobilität zu erhalten.

8 Literaturverzeichnis

ALTERNATIVFAHREN; Informationsportal rund um Alternative Antriebe im Kfz; Fazit zur AMI 2007: Erdgasfahrzeuge im Fokus der Besucher; Hersteller stellen Serienstart der Erdgas-Turbomotoren in Aussicht; 29.04.2007;
http://www.alternativ-fahren.de/Erdgas/News/Erdagsfahrzeuge_auf_der_AMI_2007.shtml

Auswärtiges Amt, Kanada Wirtschaft, Struktur der Wirtschaft,
Stand: November 2006,
http://www.auswaertiges-amt.de/diplo/de/Laenderinformationen/Kanada/Wirtschaft.html

Frankenberg, Richard, von; Matteucci, Marco; Geschichte des Automobils
1973/1988 Sigloch Edition, Zeppelinstr. 35a D 7118 Künzelsau Verlagsleitung: Hans Kalis
STIG, Turin 1970 Printed in Germany Übersetzung der italienischen Vorlage: Carlo Musazzi
Redaktion und Herstellung: Sigloch Edition, Künzelsau / Druck: J. Fink, Völlig überarbeitete
und neu gestaltete deutsche Ausgabe von „Storia dell ´Automobile von Marco Matteucci,
erschienen bei STIG, Turin

Hybrid Autos – Hybridantrieb;
http://www.autos-hybrid.de/hybridantrieb.html

Kleinanzeigenmarkt für Autogas und Erdgasfahrzeuge; Informationsportal rund ums
kostengünstige und umweltfreundliche Fahren mit Autogas und Erdgasfahrzeugen;
Erdgassysteme - Die Technik; Technische Informationen zum Erdgassystem; Erdgas - Was
ist das? http://www.autogas-boerse.de/3.0/erdgas_infos/die_technik.htm

Kolke, Roland; Gegenüberstellung von konventionellen und alternativen Antrieben aus Sicht
einer dauerhaft umweltgerechten Entwicklung; Umweltbundesamt, Motorische Verbrennung,
Haus der Technik, Essen 16/17.März 1999; S.19

Munack, Axel; Krahl, Jürgen; Bundesforschungsanstalt für Landwirtschaft (FAL);
Landbauforschung Völkenrode – FAL Agricultural Reserch; Sonderheft 239; 2002;. S .3

Pkw Markt in der Flaute; Erdgasautos trotzen dem Trend, 24.06.07,
http://www.alternativ-fahren.de/Erdgas/News/Erdgasautos_im_Trend.shtml

Puls, Thomas, Alternative Antriebe und Kraftstoffe – Was bewegt das Auto von morgen?
Ausgabe 2006 Deutscher Instituts-Verlag GmbH Köln

Schmidtchen, Ulrich, Dr.; Wasserstoff und Brennstoffzelle – Chancen und Grenzen;
Deutscher Wasserstoff- und Brennstoffzellen-Verband e.V. (DWV); Sonderdruck (NR. 6143)
Ausgabe Jg. 106 (2007) Heft 1-2; VWEW Energieverlag GmbH;
http://www.dwv-info.de/publikationen/2007/ew_Chancen.pdf S. 2

Schmidtchen, Ulrich, Dr.; Wer hat Angst vor Wasserstoff?; Deutscher Wasserstoff und
Brennstoffzellen Verband; Berlin; DWV-Pressemitteilung 4/2007;
http://www.dwv-info.de/

Wikipedia, der freien Enzyklopädie; Stichwort: Biodiesel;
http://de.wikipedia.org/wiki/Biodiesel

Wikipedia, der freien Enzyklopädie; Stichwort: Biokraftstoff;
http://de.wikipedia.org/wiki/Biokraftstoffe

Wikipedia, der freien Enzyklopädie; Stichwort: Brennstoffzelle;
http://de.wikipedia.org/wiki/Brennstoffzelle

Wikipedia, der freien Enzyklopädie; Stichwort: Elektromotor;
http://de.wikipedia.org/wiki/Elektromotor

Wikipedia, der freien Enzyklopädie; Stichwort: Erdgasfahrzeug;
http://de.wikipedia.org/wiki/Erdgasfahrzeuge

Wikipedia, der freien Enzyklopädie; Stichwort: Hybridantrieb;
http://de.wikipedia.org/wiki/Hybridfahrzeug

Wikipedia, der freien Enzyklopädie; Stichwort: Niedrigenergiefahrzeug;
http://de.wikipedia.org/wiki/Niedrigenergiefahrzeug

Wikipedia, der freien Enzyklopädie; Stichwort: Pflanzenöle URL:
http://de.wikipedia.org/wiki/Kraftstoff_Pflanzen%C3%B6l

Wikipedia, der freien Enzyklopädie; Stichwort: Primärenergie;
http://de.wikipedia.org/wiki/Prim%C3%A4renergie

Wikipedia, der freien Enzyklopädie; Stichwort: Sekundärenergie;
http://de.wikipedia.org/wiki/Sekund%C3%A4renergie

Wikipedia, der freien Enzyklopädie; Stichwort: Wasserstoff;
http://de.wikipedia.org/wiki/Wasserstoff

Willkommen auf dem Energie-Verkehr-Infoportal – 97 Prozent der Autofahrer befürworten
alternative Antriebe; 22.12.2006; URL:
http://www.energie-infoportal.de/verkehr/2006-12/97-prozent-der-autofahrer-befuerworten-
alternative-autoantriebe.html